杭州市哲学社会科学重点基地
——浙江大学城市学院企业社会责任与可持续发展研究中心研究成果

产品创新创意方法

陈绛平　著

童　健　审

ZHEJIANG UNIVERSITY PRESS
浙江大学出版社

图书在版编目（CIP）数据

产品创新创意方法 / 陈绛平著. —杭州：浙江大学
出版社，2019.8（2023.12 重印）
ISBN 978-7-308-19562-1

Ⅰ.①产… Ⅱ.①陈… Ⅲ.①产品设计－高等学校－
教材 Ⅳ.①TB472

中国版本图书馆 CIP 数据核字（2019）第 206490 号

产品创新创意方法

陈绛平 著 童健 审

责任编辑	傅百荣
责任校对	杨利军 黄梦瑶
封面设计	周 灵
出版发行	浙江大学出版社
	（杭州天目山路 148 号 邮政编码 310028）
	（网址：http://www.zjupress.com）
排 版	杭州隆盛图文制作有限公司
印 刷	广东虎彩云印刷有限公司绍兴分公司
开 本	710mm×1000mm 1/16
印 张	14.5
字 数	253 千
版 印 次	2019 年 8 月第 1 版 2023 年 12 月第 3 次印刷
书 号	ISBN 978-7-308-19562-1
定 价	59.00 元

序

是夏,我接过陈老师递过来的带着墨香味的书稿。

翻看其中,发觉这份书稿不一般,倾注了写作者大量的心血和心思。

这本书在市场营销若干基本概念和产品创新的理论方面,思考并总结出了很多新思想、好方法。

该书开篇从超越传统商业市场的范畴展开理论探索,重新定义了产品的概念,为创新思维的应用打开了围栏束缚,开辟了新领域。随后,介绍了一系列相应的创新思维经典方法及应用案例。这使得此书思维独特,不仅有创意而且更实用,令人耳目一新。

书的主要内容是陈老师提出的产品创新五大思维导向,以及 50 多个产品创新创意方法的介绍和应用案例。书中从功能、技术、经济、情感、环境与社会责任这 5 个视角探讨了产品创新,体现了作者多年的实践体会和思想凝炼。所介绍的 50 多个创新方法中,有的方法很常见,但在应用上有特色;有的想法很独特,在产品创新领域有着广泛的用途。本书具有独到的观点和视角,通过许多案例来通俗易懂地阐述创新理论和思维,并以创新创意的实用方法来落地,充满着创新意识的闪光点。

更值得一提的是,书中以不同的视角阐述了产品开发中的企业社会责任,介绍了如何把企业社会责任融入产品,以带动全社会来共同努力促进正能量的提升,进而推动世界的美好和进步。这与中国社会全面进入新时代的要求紧密契合,体现了作者强烈的时代精神,亦提升了本书的学习价值。

通篇读下来,本书并没有太多晦涩难懂的词汇和深奥难解的理论。它深入浅出、语言朴实、案例丰富,创新思维方法及应用场景的阐述颇具特色,加之图文并茂,很"入眼"。

　　作为曾经的浙江大学城市学院商学院院长,非常高兴能够读到学院老师出的好书,也很享受这"先读为快"。为此,本人荣幸而乐意地受邀码上这些文字作为序言。

　　愿浙江大学城市学院的老师们能够再多写几本好书。

己亥年于杭州,浙大求是园

前　言

当下,世界进入到了一个全新的时代。我们不再担忧短缺,反而需要思考如何解决"生产力过剩"这一新的难题。

曾经,"吃饱穿暖"是芸芸大众的期盼和奢望;而今,人们在嫌弃菜肴口味的同时担忧着"营养过剩",或者在满柜的衣物中找不到适合当天场合的穿戴。

这一切都说明,劳动者创造商品的能力已经远远超过了满足人类生存的基本需要;同样也说明,消费者对产品的要求变得越来越不一样。

逛一下商场,几乎找不到一条没有"破洞"的牛仔裤,这在以前是不可想象的。但是我们不能只靠"挖洞"来激发消费者的欲望和需求。如何开发适销对路的新产品,我们需要一套全新的理念。

笔者曾经在企业工作了 18 年,担任过生产线工艺员、产品开发工程师和产品经理等职务,也从事过市场推广工作,对产品开发、制造和营销有比较深刻的感想和体会。而后,进大学从教十几年,又专注于市场营销等方面的教学和科研工作,针对如何进行新产品开发、如何激发"过剩"场景下的消费者需求,逐渐形成了一套自己的想法。

借助这本书,将和大家探讨一下笔者提出的五个新产品开发思维导向——功能导向、技术导向、经济导向、情感导向、环境和社会责任导向,以及由这五大思维导向引出的各种具体的产品创新思想方法。

本书第一章,从不同的视角探讨了营销学理论中的需要、欲望和需求等概念,并对产品和市场等概念给出了全新的定义。

第二章,从产品开发的角度介绍常用的 13 个创新思维方式,并对其中一些思维方式的运用提出了新的建议,并创立了具有 7 种复杂关系的关联图画法。

第三章，系统介绍笔者提出的五大产品开发理念，并对这五个理念引导出50多个产品创新创意方法进行了简单的介绍。

第四章，结合丰富的案例介绍基于功能导向的产品开发理念，以及由此引导出新功能、防错、解难等多个产品创新创意方法。

第五章，结合丰富的案例介绍基于技术导向的产品开发理念，以及由此引导出新技术、巧妙、模仿等多个产品创新创意方法。

第六章，结合丰富的案例介绍基于经济导向的产品开发理念，以及由此引导出多种多样的降低成本和创造不同价值的产品创新创意方法。

第七章，结合丰富的案例介绍基于情感导向的产品开发理念，以及由此引导出新奇、趣味、体验等各种产品创新创意方法。

第八章，介绍基于环境和社会责任导向的产品开发理念，以及由此引导出环保、健康、安全、道德等各种产品创新创意方法，并对企业社会责任和产品开发的关系进行分析，提出一些新观点，并引发读者对这个问题的深入思考。

本书在创作过程中，得到了浙江大学城市学院省一流学科（工商管理）、杭州市一流学科（工商管理）、浙江省一流专业（工商管理）、杭州市重点特色专业（工商管理）、杭州市哲学社会科学重点基地——浙江大学城市学院企业社会责任与可持续发展研究中心的大力支持和资助，在此表示非常感谢！

本书由陈绛平提出理论框架和概念定义、设计文章架构、负责全书撰写并定稿。童健负责主审和修改部分文稿。章梦蝶、潘丹怡为第二、第四至第八章提供大量的文章素材。包黄欣、靳雨涵分别提供了第二、第五章的部分素材。徐烨、罗丹妮、林哲雨参与了案例整理。陈绛平、童健、毕瑜洁绘制了部分插图。

浙江大学城市学院徐烨、罗丹妮、林哲雨、王博涛、王鑫、张涵琪、毕瑜洁、金美灵、温余庆、吴丹宁、金董君等几十位同学提供了大量的新产品案例和新产品构思，支撑了本书的理论体系，丰富了文章的思想内涵，增加了全文的可读性。笔者表示由衷的谢意！

本书部分案例和图片来自于互联网，在此谨向原作者表示诚挚的敬意和感谢！

浙江大学出版社的编辑傅百荣老师为本书的出版给予了大力支持。他宽广渊博的知识蕴藏、一丝不苟的严谨学风、雷厉风行的工作效率给作者留下了深刻的印象。在此谨向傅老师和出版社的其他老师们表示衷心的感谢！

尽管本书在学术理论上有一定的探索和创新,但创作团队努力以平直、大众化的语言来讲述观点和看法,并配以丰富的图片资料进行说明,使本书更具可读性。

本书不仅适合于学术工作者进行研究和评论,也适合于普通大众阅读,特别适合于从事企业管理、产品研发、市场研究和销售推广等工作的各界人士作为产品和营销创新的工作指南,也可以作为高等院校工商管理、市场营销、创意设计等专业的教辅材料。

请各位读者多提宝贵意见。

陈绛平

2019 年夏于浙大城院

重印说明:重印作了个别修订,在第一章和第三章增加了部分论述内容,对本书的基本概念和理论进行了说明;每一章都补充了部分思考题;并对个别案例与内容作了删改与调整。全书整体框架结构未变动。**特此说明**(作者 2022 年 7 月)。作者 2023 年 12 月重印时又再次作了个别文字的订正。

目　录

第一章　营销理论中的产品及产品创新

■本章导读：

> 这一章,我们将对营销学中的产品、市场、需要、欲望和需求等一些基本概念进行讨论,提出一些新的定义和判断,并探讨五大营销理念和产品创新的关系。

一、产品概念、市场概念的重新定义

本书要讨论的是有关产品创新的理念和思维方式。那么,什么是产品呢?我们先听听专家的意见。

世界著名的营销学大师菲利普·科特勒在他经典的《市场营销》等系列图书中,对于产品有以下定义:

"产品是向市场提供的,引起注意、获取、使用或消费,以满足欲望或需要的任何东西。"[1]

他还进一步说明,产品不仅包括有形产品,还包括服务、事件、人员、地点、组织、信息、创意等无形产品或者上述内容的组合。

其中,有形产品就是实物,如汽车、电脑和手机等,不仅看得见,也摸得着。实物产品可以被储存和占有。一般情况下,实物产品的生产环节和消费环节可以完全脱离。

无形产品并不是真的看不见,相反,绝大多数的"无形产品"的消费过程是可见的。但是,无形产品的获得物和价值难以像实物产品那样以可见的方式占有和储存。比如,你去听了一场演唱会,消费过程是可见的、有形的,但是听完以后你得到了什么有价值的东西却难以直观地呈现。

通常,无论是在营销学大师的著作中还是在公众舆论的言辞里,产品就是指商品,即可以在市场上用来买卖或者交换的东西。

那么,什么是市场呢?菲利普·科特勒的定义是这样的:"市场是某种产品的实际购买者和潜在购买者的集合。"[1]

大师给出的定义是一个抽象的概念,"市场"并不是指具体的商品交换场所,比如商场、超市或者集贸市场,而是指社会对该商品需求量的总和。

由于本书探讨的是创新的思想、理念和方法,研究对象和研究场景不仅局限于商业领域,因此,需要对产品和市场的概念进行一些拓展:

产品是向社会提供的,被个人、组织或社会群体关注、接受、获取、使用、消费或运用,满足需要或欲望,或实现某种价值、产生某些利益的任何事物。

在这里,**产品不仅仅限于商品,也包括任何非商品。**

比如,思想、理念、方法等等都是产品。诸葛亮的"隆中对"就是中国古代一个非常出名的思想产品。它为大半辈子颠沛流离的刘备指明了战略发展道路,使刘备集团找到了根据地,创立了蜀汉政权。尽管由于种种原因,"隆中对"的后半个战略没有成功,但依然掩盖不了它作为古代伟大战略思想的光芒。

再比如,一个解决方案可以认为是一个产品,一项规章制度也是一个产品。它们都在某个特定领域发挥着应有的作用。

同理,合同是双方或多方合作的一个产品。一个公司是创办者及员工们的共同产品。一个"五年计划"是有关部门制定的,旨在指导国家、社会、地区、行业等发展的宏大规划,这也是产品。

将"产品"的概念进行如上定义的好处是可以聚焦于创新思维自身的逻辑,讨论创新时不拘泥于某一个应用场景。不用在各个领域重复论述同一种创新原理,如分别说明"设计中如何运用人性化思维进行创新""管理中如何运用人性化思维进行创新""服务中如何运用人性化思维进行创新""营销中如何运用人性化思维进行创新"等等,只需要一句话:将人性化思维运用于"产品"创新之中。因为本书中"产品"的定义涵盖了人类的一切产出。

我们所说的**产品既包括人为创造的实物或非实物,也包括借助社会或者自然力量产生的任何变化。**因为,有些产品是无法直接创造的,而是借助社会或者自然力量间接达成的。

比如,政府部门通过宣传教育,使得老百姓养成了垃圾分类的好习惯,形成了"新时尚"。人人进行垃圾科学分类,这不是哪个政府部门能够独自做到的,一定得靠老百姓的力量,社会的力量。这是一个具有非常深远的历史意义、巨大社会价值和经济价值的产品。

再比如，人工降雨并不是直接用飞机洒水，而是通过火箭抛洒干冰使得空中的水汽凝结而形成雨水。人工只是一个下雨的"催化剂"。

再说说"市场"。人们有时候会说，某某某的言论有一定的"市场"。在这里，"市场"不是指商品流通的场所，而是接受该人观点的人群。本书对"市场"的定义如下：

市场是指产品能够发挥作用或产生价值的环境、场合或者对象。

二、需要、欲望和需求的概念拓展

需要、欲望和需求是菲利普·科特勒等大师奠定的三个营销学核心概念。

1. 需要

营销学认为，需要是指人类感到缺乏的状态[1]。根据美国心理学家亚伯拉罕·马斯洛 1943 年在《人类激励理论》一文中提出的需要层次理论，人的需要可分为生理需要、安全需要、社交需要（归属和爱的需要）、尊重需要、自我实现需要这五个层次。[2] 生理需要处于最底层，是人类生存的基本条件，也是一切上层需要的基础。而自我实现是每个人的最高层次需要。见图 1-1。

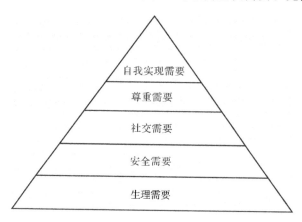

图 1-1　马斯洛的五个需要层次理论

很少有人知道，在 1970 年，马斯洛还提出过七个需要层次的理论。从最高层的自我实现需要中分离出了认知需要和审美需要两个层次，分别位于第五层和第六层[3]。见图 1-2。

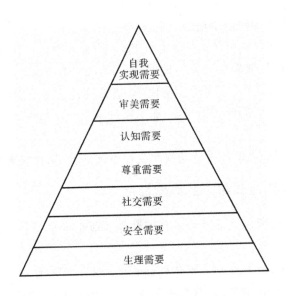

图 1-2　马斯洛的七个需要层次理论

增加这两个层次能够更好地解释很多消费者心理和市场现象。比如,我们为什么要探知宇宙的奥秘或者是对明星的隐私感兴趣,这是求知的需要;而帅哥靓女讨人喜欢是因为人们对美的追求。

由于七个需要层次的理论相对复杂,大多数人只记得五个需要层次的理论。

在本书中,需要不仅仅限于人类个体的需要,也包括任何组织和群体基于个体需要产生的共性需要或者派生需要。比如,每一个国家都有生存和发展的需要,企业有盈利的需要,等等。

2. 欲望

科特勒认为,欲望是人类需要的表现形式,受到文化和个性的影响[1]。比如,食物是人的生理需要之一。如何满足吃饱这一需要,不同的人有不同的选择。比如有的人喜欢吃米饭,有的人喜欢啃包子。

作者在这里要补充的是,**产品的提供方或其他第三方可以影响、改变、激发甚至创造市场需求方的欲望**。在苹果公司发明智能手机之前,没多少人有购买智能手机的欲望;而 iPhone 发布以后,竟然引发了消费者漏夜排队的狂热。只是乔布斯和他的同事们用产品出色的性能和乔布斯的人格魅力激发了消费者对于智能手机的购买欲。

比如,某个商品刚推出时无人问津,人们普遍没有关注这个商品,更加没有产生购买的欲望。后来,厂商聘请了一位名人代言该产品,使那位名人的粉丝们首先产生了购买欲望,进而很快打开了市场。这是企业利用形象代言人激发消费者欲望的案例。

3. 需求

根据营销学理论,需求是购买能力支撑的欲望,是欲望的市场实现结果[1]。比如,某个消费者想买一个披萨,这是他的欲望。当他兜里有足够的钱时,他就可以通过购买披萨实现这个欲望。这就把消费者内心的欲望变成了现实的市场需求。

但是,传统营销学理论往往忽视了实现市场需求的另一个条件。那就是:**市场需求不仅仅受到买方购买力的制约,也受到供应方和交易条件的制约。**比如,还是这位消费者想吃披萨,他也带了足够的钱。但是如果所在区域没有披萨店,或者披萨已卖断货的时候,或者当他没有足够的时间来享用披萨时,消费者只能被迫选择其他食品来代替。

4. 需要、欲望、需求理论对产品创新的启示

第一,产品的创造者要善于发现市场的需要。比如,2013 年 9 月苹果公司推出 iPhone 5S 时,很多评论家并不看好。因为,iPhone 5S 比 iPhone 5 价格更高,但产品只有两个局部的改进:指纹识别和 CPU 小升级,其他方面如屏幕分辨率、外形设计和尺寸、内存容量等都是一样的。没想到,iPhone 5S 大卖,远远超过了分析师的预测。

这其中的奥妙就是苹果公司为 iPhone 5S 配备了一种新的色彩——土豪金。在苹果公司采取这一举措之前,恐怕没有人能够想到,消费者审美观念中有对金色手机的需要。苹果公司之所以厉害,不仅仅是技术先进,更多的是"她"懂得消费者的心。

第二,影响、改变、激发甚至创造市场的欲望是一门艺术。比如,在微信推出红包这个功能以前,很少有人会愿意把微信与银行卡捆绑,那时候的第三方支付市场是支付宝一家独大。当腾讯公司通过春节晚会发放红包以后,人们的欲望被点燃,一夜之间,微信支付多了几亿用户。这是一个非常经典的欲望被激发的案例。

第三,供应方应该为市场创造需求的条件。在宏观层面,这几年政府主导的供给侧改革就是使市场投入能够产生更加高效的市场需求。这包括提供适销对路的产品,也包括提供必要的供给条件。

从图 1-2 得知,人们对认知的需要是普遍存在的,因而多数高中生有上大学学习的欲望。以前,由于大学招生人数少,这一欲望被普遍压制。当高校扩招之后,大批的年轻人得以深造就学,实现了自己的人才梦。

三、五大营销理念与产品创新的关系

1. 五大营销理念简介

市场营销学发展历史,在菲利普·科特勒看来,经历了五个营销观念的过程。

第一个阶段,生产观念。工业革命以前,受生产力条件限制,绝大多数产品是短缺的。所以,供应方的主要任务是扩大生产力,满足市场需求。这就是工业革命得以成功的市场条件。

第二个阶段,产品观念。工业革命后期,生产得到了大发展,产品开始供过于求。这时候,部分厂商为了提高市场竞争力,开始自主改进产品的设计,提高产品的质量。

但是在这个阶段,供应方只从自己的认知出发对产品进行优化和完善。厂商不对消费者的需要和欲望进行调查研究,也不考虑开展市场推广活动,属于"闭门造车"。古人云,"酒好不怕巷子深"就是这一理念的真实写照。

尽管在初级产品阶段,这一措施是基本有效的。但到了现代,不了解消费者的心理肯定无法满足消费者日益变化的需求;不重视产品推广也无法应对激烈的市场竞争。

第三个阶段,推销观念。它认为,"如果不采取大量的促销努力,消费者不会购买足够多的产品"。这里,"足够多"是指对厂商的经济效益而言,而不是指消费者购买的量够不够自己消费。

第四个阶段,市场营销观念。它认为市场营销应该以消费者为中心,首先应该了解消费者的需要和欲望,然后设计制造适销对路的产品,通过让消费者满意得到回报,从而实现利润和企业的发展。

如今,营销学者普遍认为前三个阶段的理念过时了。第四个阶段的市场营销观念成为现代营销理念的基础。对于这一点,作者持保留态度,接下来会进行讨论。

第五个阶段,社会营销观念。这一理论认为,企业不仅要考虑自身的利润和满足消费者的需要和欲望,还要考虑社会的共同利益。见图1-3。

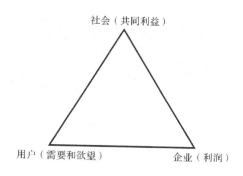

图 1-3 社会营销观念

2. 五大营销理念的辩证分析及与产品创新的关系

笔者看来,尽管这五个营销观念是一个依次演进的关系,但是并不代表前三个营销理念就一定过时了。**生产观念、产品观念和推销观念在特定的市场条件下,分别是解决市场主要矛盾的有效方法,依然有其现代的价值。**

第一,生产观念未必过时。比如,小米手机刚推出时,凭借着千元智能机的性价比和"发烧友的第一部手机"的定位,产品非常受欢迎,极度供不应求。这时候的主要矛盾是供与求的矛盾,扩大生产能力、提高产量是当务之急。因此,在这种情形下,创新"产品"应该主要基于生产观念,提出解决产能瓶颈问题的有效方案。

第二,产品观念未必过时。按照市场营销理论,我们需要了解消费者的需要和欲望,才能提供消费者满意的产品。但是,当产品概念比较新(比如电话、电视、手机刚推出时),或者消费者对自己的需要缺乏认识时(比如土豪金色的手机),开展市场调查往往起不到应有的效果。

苹果公司创始人乔布斯曾经说过,市场调查往往没用,因为我的产品还没有推向市场,消费者不知道他的需要和欲望是什么。这话有一定道理。

所以,在一定的情形下,基于产品观念的"闭门造车"式创新成为不得不采取的策略。

第三,推销观念也没有过时,更是产品提供者普遍采用的策略。这是因为市场需求每时每刻都在变化,尤其在当代。而产品的开发制造有一定的周期,无法做到与消费者的需求同步。因此,如面临产品与需求失配和友商市场竞争压力时,我们应当运用推销观念,开发基于现有市场条件下的合适促销方案,以激发用户的购买欲望。

第四,市场营销观念无疑是正确的,但"产品"的开发不仅仅是产品本身,也要包括品牌、定位、营销方案等等,需要提供一揽子解决方案。

第五,社会营销观念希望企业、消费者和社会的利益能够得到协调和统一。本书第八章将从环保、健康、安全、道德等多个方面展开对社会营销概念的论述。同时,还将探索在产品开发中如何创造性地把企业社会责任有机地结合在一起。

结　语

本章对营销学的几个主要概念进行了新的阐述和定义,是本书的创新和思想理论基础。希望这些理论能够运用于实践,并在实践中得到提高和升华。

需要说明一点,本章第二小节介绍的营销学理论中,需要、欲望和需求三者的定义是明确的,三者是不同的概念,但相互之间有着非常紧密的联系。可在汉语实际的语境中,这三个词的含义经常是混用的,无法严格地进行区分,需要读者加以思考和鉴别。

思考题

1.本章中的产品范畴和传统营销学中的产品范畴之间的区别是什么?

2.为什么把市场定义为产品能够发挥作用或产生价值的环境、场合或者对象,而不仅仅是产品的购买力?

3.为什么说生产观念、产品观念和推销观念并未过时?

4.是否可以把企业社会责任做成一款独立的产品?

5.举例说明10种课程新定义下的产品。

6.举出你的10项日常需求,说明对应于马斯洛七个需要层次理论的哪一级。

7.相同的需要是否会产生相同的欲望?为什么?

8.讨论两种不同层次的需要理论,并说明哪一种更加合理?

◎ 参考文献

[1]菲利普·科特勒.市场营销:原理与实践[M].北京:中国人民大学出版社,2015.

[2]Abraham Harold Maslow. A Theory of Human Motivation[J]. Psychological Review,1943(50):370-396.

[3]亚伯拉罕·马斯洛.动机与人格[M].北京:华夏出版社,1987.

第二章 创新思维的一般方法

■本章导读：

这一章介绍13种常用的思维方法。第1~6种是通用的思维方式，适合于任何领域；第7~9种思维方式主要偏重于基于现有产品基础的技术性创新；第10种头脑风暴法运用范围较广；第11~13种方法引入了原来主要用于质量管理领域的三种思维工具，并将它们与头脑风暴法结合，形成一套系统的创新思维工具，其中具有7种复杂关系的关联图画法是本书首创。

一、发散思维

1. 来源

发散思维是创造性思维中的一种，又称辐射思维。它是从一个目标或思维起点出发，沿着不同方向，顺应各个角度，寻求各种途径，提出各种设想，实现解决具体问题的思维方法。[1]

这要求我们在思考问题时跳出原来的点、线、面，突破原有框架和思维区域的限制，进行全方位立体式的思考。从不同的视角来观察事物，可能会得到全新的想法和灵感。发散思维是非常灵活性的，不应该给思维设立任何障碍。

譬如，20世纪70年代石油危机发生以后，油价暴涨。作为汽车行业追随者的日本企业看到了一个商机，就是研发、生产低油耗的汽车。很快，日本汽车就行销全世界，打败了很多沉迷于生产宽大舒适高油耗汽车的欧美同行，成了行业的老大。因此，拥有发散思维的人拥有较敏锐的商业触觉，往往能更快地把握商机。

2.适用范围

发散思维在生活产品的设计中十分常见,当一个热点或是爆点出现的时候,具有发散思维的商家往往具有较高的商业触觉,能及时地做出预判。比如圣诞节的时候,大部分家庭会买大的圣诞树来装饰家。有的商家考虑到另一个消费者群体——大学生,因此推出可摆放在桌面上的小型圣诞树,很受青年学生的欢迎。小黄鸭在网络上一炮而红之后,马上会有商家打造小黄鸭的周边产品。

3.应用案例

(1)消暑降温"泪滴椅"

透明的泪滴椅放置在草坪上十分自然又浪漫。日本设计师铃木啓太最初的想法是要设计出一个不会毁坏草坪、不会折断植物枝叶的椅子产品。他的设计理念是要尊重环境,而且尽可能减少产品对环境的影响。设计师的设计灵感来自早晨的露水,使得整个座椅的设计自然且极富美感。[2]见图 2-1。

图 2-1 "泪滴椅"

(图片来源:https://www.shouyihuo.com/view/5708.html)

(2)瓦楞纸灯具

设计师从日常生活中常见的瓦楞纸展开联想,由于瓦楞纸的缝隙和形状很漂亮,便产生了用其来制作灯罩的想法,光线透过缝隙能够洒下斑驳的影子,既温暖又浪漫。见图 2-2。

(3)曲别针用途之争

关于发散思维,许多网站上有这样一个案例:[3]

1987 年,在广西壮族自治区南宁市召开了我国"创造学会"第一次学术研讨会。会议邀请日本学者村上幸雄先生为与会者讲学。他讲了三个半天,讲得很新奇,很有魅力,也深受大家的欢迎。其间,村上幸雄先生拿出一把曲别

图 2-2　瓦楞纸灯具

(图片来源:https://b2b.hc360.com/supplyself/284394374.html)

针,请大家动动脑筋,打破框框,想想曲别针都有什么用途,比一比看谁的发散性思维好。会议上一片哗然,七嘴八舌,议论纷纷。有的说可以别胸卡、挂日历、别文件,有的说可以挂窗帘、钉书本,大约说出了二十余种。大家问村上幸雄:"你能说出多少种?"村上幸雄轻轻地伸出三个指头。

有人问:"是三十种吗?"他摇摇头。"是三百种吗?"他仍然摇头。他说:"是三千种。"大家都异常惊讶,心里说:"这日本人果真聪明。"然而就在此时,坐在台下的一位先生心里一紧,他是中国魔球理论的创始人、著名的许国泰先生。他想,我们中华民族在历史上就是以高智力著称世界的民族,我们的发散性思维绝不会比日本人差。于是他给村上幸雄写了个条子说:"幸雄先生,对于曲别针的用途我可以说出三千种、三万种。"幸雄十分震惊,大家也都不十分相信。

许先生说:"幸雄所说曲别针的用途我可以简单地用四个字加以概括,即钩、挂、别、联。我认为远远不止这些。"接着他把曲别针分解为铁质、重量、长度、截面、弹性、韧性、硬度、银白色等十个要素,用一条直线连起来形成信息的横轴,然后把要动用的曲别针的各种要素用直线连成信息标的竖轴。再把两条轴相交垂直延伸,形成一个信息反应场,将两条轴上的信息依次"相乘",达到信息交合……

于是曲别针的用途就无穷无尽了。例如可加硫酸制氢气、可加工成弹簧、做成外文字母、做成数学符号进行四则运算等等,为中国人民在大会上创造出了奇迹,使许多外国人十分惊讶!

这个故事告诉我们发散性思维对于一个人的智力、创造力多么重要。

（4）新产品创意：花园城市

问题来源：现今社会的城市绿化困难重重。由于土地资源匮乏，许多城市一直无法实行大面积绿化。而大家对于花园式生活的向往，也只能被局限在城市的公园和自己的露台。新加坡有一家非常著名的网红酒店，就是将建筑设计与绿植结合起来，整个酒店就像个巨大的绿色植物体。见图 2-3。

图 2-3　新加坡皮克林宾乐雅酒店

（图片来源：https://home.fang.com/news/2013-09-27/11120995_1.htm）

因此，我们能否从中获取想法，提出城市阶梯花园的新产品设想？由于城市中建筑物的高度是不一致的，因此我们不仅可以在建筑物之间的地面上进行绿化，也可以在建筑物的顶上种植植物。这样，整个城市看起来就是一片绿色。这个创意特别适合于像重庆这种地面落差很大的山城，屋顶绿化以后会非常壮观和漂亮。

4. 小结

发散思维是指在创造和解决问题的思考过程中，不局限于一点、一条线索或一部分信息，而是从已知信息出发，不受个人、他人意志或现存方式方法、范畴或规则的约束，尽可能向四面八方扩展，从这种辐射式的思考中，找到多种不同的解决问题的方法，进而衍生出尽可能多的不同结果。[4]

在设计产品的时候，一个优秀的设计师往往能根据一个爆点产品展开更为丰富的联想。Kaws 的画红了，优衣库就设计了联名 T 恤，遭到市民哄抢；

故宫在《国家宝藏》等一系列纪录片中大受欢迎,其文创产品扇子、书签、胶带等迅速在淘宝上架,火锅店也开进了故宫;可口可乐是知名品牌,就有化妆品企业合作开发彩妆……发散思维可以带来多种想象,但哪种最能符合消费者的胃口,需要产品设计者敏锐的嗅觉和精准的判断力。

二、逆向思维

1. 来源

当大家都朝着一个固定的思维方向思考问题时,而你却独自朝相反的方向思索,这样的思维方式就叫逆向思维。人们习惯于沿着事物发展的正方向去思考问题并寻求解决办法。其实,对于某些问题,尤其是一些特殊问题,从结论往回推,倒过来思考,从求解回到已知条件,反过去想或许会使问题简单化。大家都在想怎么使粉笔少掉一些灰来保持环境的清洁,我的想法是能不能直接换掉黑板这个载体,利用触屏技术直接从源头解决粉笔的问题。[5]

逆向思维可分为三种类型:①破除思维定式,对事物的认知突破固有事实和证据的束缚,找到其新的内涵和意义;②反向思考,从预期结果到前提条件,而不是按部就班地思索;③对立思维,从结论的对立面深思该结论得出的前提条件。[6]

逆向思维是从结果到原因反向追溯的思维现状,即对任何问题哪怕是现成的结论,都不满足于"是什么",而要多问几个"为什么",敢于提出不同的意见,敢于怀疑,反其道而行之。从广义上来说,一切与原有的思路相反的思维都可以称为逆向思维。在产品创意创新中,逆向思维要求的是摒弃常规想法,反其道而行之,往往会带来不一样的创新成果。[7]

2. 适用范围

逆向思维适用的范围很广,从实体产品到解决管理问题、社会问题的方法都有应用的领域。

3. 应用案例

(1)反向折叠伞

使雨伞开伞和收伞的方向相反,可以自下而上收伞,做到在进门和进车时不会被雨淋到。见图 2-4。

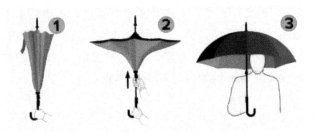

图 2-4　反向折叠伞

（图片来源：http://taian.dzwww.com/2013sy/dhzx/201611/t20161122_15175550.html）

（2）软饭碗

它采用柔软的硅树脂制成，重量轻而且可以任意挤压，不必担心破碎。不使用时可以压扁，因此占用的空间更小。见图 2-5。

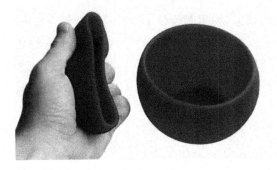

图 2-5　软饭碗

（图片来源：http://www.360doc.com/content/12/0113/16/6701143_179187553.shtml）

（3）电磁感应定律的产生

1820 年丹麦哥本哈根大学物理教授奥斯特，通过多次实验证实了存在电流的磁效应。这一发现传到欧洲大陆后，吸引了许多人参加电磁学的研究。英国物理学家法拉第怀着极大的兴趣重复了奥斯特的实验。果然，只要导线通上电流，导线附近的磁针立即会发生偏转，他深深地被这种奇异现象所吸引。当时，德国古典哲学中的辩证思想已传入英国。法拉第受其影响，认为电和磁之间必然存在联系并且能相互转化。他想既然电能产生磁场，那么磁场也能产生电。为了使这种设想能够实现，他从 1821 年开始做磁产生电的实验。无数次实验都失败了，但他坚信，从反向思考问题的方法是正确的，并继续坚持这一思维方式。十年后，法拉第设计了一种新的实验，他把一块条形磁铁插入一只缠着导线的空心圆筒里，结果导线两端连接的电流计上的指针发生了微弱的转动！电流产生了！随后,他又设计了各种各样的实验,如两个线圈相对运动,磁作用力的变化同样也能产生电流。[8]

法拉第十年不懈的努力并没有白费,1831 年他提出了著名的电磁感应定律。

(4)凤尾裙与无跟袜

某时装店的经理不小心将一条高档呢裙烧了一个洞,其身价一落千丈。如果用织补法补救,也只是蒙混过关,欺骗顾客。这位经理突发奇想,干脆在小洞的周围又挖了许多小洞,经过精心修饰,将其命名为"凤尾裙"。一下子,"凤尾裙"销路顿开,该时装商店也出了名。逆向思维带来了可观的经济效益。无跟袜的诞生与"凤尾裙"异曲同工。因为袜跟容易破,一破就毁了一双袜子,商家运用逆向思维,试制成功了无跟袜,创造了非常好的商机。[9]

(5)要奖励儿子考零分的智慧老爸

有个小朋友不爱读书,考试经常不及格。通常,对这一类顽皮孩子,家长会采用两个对策:正面教育或者棍棒伺候。这个小孩的家长却别出心裁,对小孩说:"你下次考试得'0'分有奖励,条件是所有的题目必须要回答。"小孩听了非常高兴,心想做错总比做对容易。可几次考试下来,他发觉要考"0"分太难了。主观题还好,瞎答一气一般不会给分。但客观题要想不得分,就要绕开所有正确的答案,那就要明白哪个是正确的。于是他开始用功学习。随着他懂得越多,考试的分数也越来越低。当他终于搞懂课程的全部知识,可以答"0"分时,突然意识到自己既然都搞懂了,那为什么一定要做错呢？可以争取满分呀！

从这个故事中我们知道了,激励孩子,有时候逆向思维更加有奇效。

4. 小结

逆向思维尤其适用于工作场合。比如,每个营销部门都希望能吸引顾客并带来新的业务,但是换个方向思考一下"是什么让我们与核心客户之间渐行渐远?"这个问题可能更加有用。

同样,当我们要创造一个产品的时候,如果顾客是你们产品设计的核心所在,那你可以思考:"怎样会损害顾客对于产品的评价与信赖?"或许,这会给你带来新的创意和灵感。

三、联想思维

1. 来源

联想思维是人脑记忆表象系统中,由某种诱因导致不同事物或表象之间因时间上或空间上的接近、外形或性质上的相似、完全对立或存在某种差异、存在因果关系等而发生联系的一种没有固定思维方向的自由思维活动。[10]

而在产品创新创意中,联想思维的运用可以帮助我们打破固化的思维,设计出的产品不再千篇一律,更符合顾客的需求和胃口。

2. 分类

联想思维包含的内容纷杂,大致分为四种情况:

(1)接近联想。是指时间上或空间上的接近都可能引起不同事物之间的联想。比如,当你遇到小学同学时,就可能联想到过去与他一起玩耍的情景。

(2)相似联想。是指由外形、性质、意义上的相似引起的联想。如由某歌星联想到唱歌也很好听的某位校园歌手。

一次,鲁班外出,手指不小心与一种植物的叶子产生了亲密接触。他顾不上疼痛,赶紧观察使他受伤的植物有什么特别之处,发觉那片叶子的边缘不光滑,呈折线状。正在为如何切割木头而烦恼的他突然开窍了,赶紧拿铁皮仿照叶子的形状做成了一个切木头的工具,那就是世界上第一把锯子。见图 2-6。

图 2-6 鲁班发明锯子的故事

(图片来源:http://www.sohu.com/a/121057438_571656)

(3)对比联想。是由事物间完全对立或存在较大性质或参数差异而引起的联想。其突出的特征就是背逆性、挑战性、批判性、逆反性和颠覆性。

(4)因果联想。是指由于两个事物存在因果关系而引起的联想。这种联想往往是双向的,既可以由起因想到结果,也可以由结果想到起因。从喷雾瓶联想到防晒喷雾,从手机套联想到充电宝套。

3. 应用案例

（1）"黑人"牙膏

通过某些事物在某一种共同特性中具有较大的反差让人产生联想，如黑与白。"黑人"牙膏就是一个很好的案例。人们在看到"黑人"这个品牌时，自然而然地会联想到黑人洁白的牙齿。因此能够体会到企业隐含的意思：该款牙膏具有极高的美白效果。

（2）列宁格勒的"隐身衣"

苏联卫国战争期间，列宁格勒遭到德军的包围，经常受到敌机的轰炸。在这紧急关头，苏军伊凡诺夫将军有一次视察战地时，看见有几只蝴蝶飞在花丛中时隐时现，令人眼花缭乱。这位将军随即产生联想，并请来昆虫学家施万维奇，让他们设计出一套蝴蝶式防空迷彩伪装方案。施万维奇参照蝴蝶翅膀花纹的色彩和构图，结合防护、变形和仿照三种伪装方法，将活动的军事目标涂抹成与地形相似的巨大多色斑点，并且在遮障上印染了与背景相似的彩色图案。就这样，使苏军数百个军事目标披上了神奇的"隐身衣"，大大降低了重要目标的损伤率，有效地防止了德军飞机的轰炸。[11]

（3）直升机除霜

英国北部两地间架设的电话线在冬天结了霜，使通话困难，要尽快除掉霜，恢复通话，该怎么办呢？为此，有关部门召开了一个会议。与会成员提出了许多方案，当"给飞机捆上扫帚飞上天去扫"的方案被提出时，引起了哄堂大笑，但正是这个设想对解决问题起到了至关重要的作用。后来进一步提出了"让直升机飞近电话线，用它转翼的风力把霜除掉"的方案。事实证明这是最佳方案，以最低的成本解决了最困难的问题。[12]

（4）再穷也不能穷孩子与再富也不能富孩子

当今有一句话早已深入人心，那就是"再穷也不能穷孩子"。说的是贫困地区和弱势群体即使再穷，也不能误了对孩子的教育，一定要使穷苦家庭的孩子有求学受教育的机会，使他们有成才的可能。只有这样，贫困地区、贫困家庭和贫苦孩子才可能有美好的未来。[13]

经过对比想象，有人说出了另外一句如雷贯耳、发人深省的话，那就是"再富也不能富孩子"。说的是对于富裕地区和优势群体而言，即使他们富得流油、富得发昏，也不能让孩子在蜜罐中泡大，不能让孩子远离创业的艰辛，不能让孩子远离人生的辛酸苦辣。否则娇惯了的孩子长大后就不容易自立于社会,往往经受不住艰难和挫折,就有可能成为花花公子、败家子,令溺爱他们的父母为之伤心欲绝。古人云"君子之泽,五世而斩",俗语说富不过三代,说的就是这个道理。[13]

4. 小结

创造性思维是创造力产生的源泉,它包括思维和想象。联想是沟通信息的媒介和想象的重要来源。通过联想,产品设计者对各种信息进行有意识的提炼、加工、重新组合,并创造出新的产品形式。

在产品设计中用联想的方法可以产生很多很好的创意,找到解决问题的方法和思路,拓宽产品的应用领域。

四、简化思维

1. 来源

简化思维指人们在面对一些复杂的事物时,能从复杂的思路中跳出来,排除不必要的阻碍因素,寻找简单清晰的那条路,并把它表达出来的能力,使人能够及时看到事物的本质特点,并且很快地找到问题的解决方法。

比如说,分布式计划。面对一项任务,具有简化思维的领导者们往往会选择将问题分成几个独立的部分,并且由不同的人来完成,这样就简化了问题的复杂性,并且降低了任务的难度。

而在产品设计中,有时候方法越简单,功能越单一,用户反而越喜欢。资源有限,产品提供者不可能面面俱到,事事周全,与其创造一个"全能选手",不如集中优势,将其中某一个方面做到最好。

2. 适用范围

简化思维广泛应用于各种日用品、服饰产品等等。如,在护肤品功效越来越多的时代,某个产品只有一种功效,并发挥到极致,就是简化思维的体现。

很多衣服的图案越来越花哨,但同时也有商家看中空白市场,推出纯色 T恤、连衣裙等,受到欢迎。白 T恤至今仍然是消费者最喜爱购买的单品之一。

3. 应用案例

(1)戈迪阿斯之结

在希腊传说中,小亚细亚的北部城市戈迪阿斯的卫城上,矗立着宙斯神庙。神庙之中,供奉着一辆战车。在它的车轭和车辕之间,用山茱萸绳结成了一个绳扣,绳扣上看不出绳头和绳尾。神谕说,如果谁能解开这个结,那么他就会成为亚洲的霸主。这便是有名的戈迪阿斯之结。几百年来,戈迪阿斯之结难住了世界上所有的智者和巧手工匠,直到公元前334年,亚历山大带领军队远征来到这里。他凝视绳结,然后拔出宝剑,将绳结斩断。在场的人惊呆了,继而发出了雷鸣般的欢呼声,齐声赞誉他是超凡的神人。图2-7这个故事和中国古代北齐文宣帝年轻时的"快刀斩乱麻"传说一样,就是简化思维的典型应用。[14]

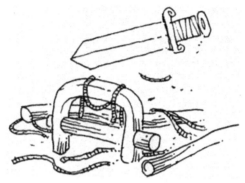

图 2-7 亚历山大和戈迪阿斯之结

(图片来源:http://www.people.com.cn/GB/paper69/16993/1492552.html)

(2)扫码支付

扫码支付可谓将简化思维发挥到了极致。将原本复杂的顾客付钱,收银员收钱、找零等一系列支付过程进行精简,不需要输入密码,不需要刷卡即可完成支付。这样大大节省了时间成本和人力成本。见图2-8。

图 2-8 扫码支付

（3）自动挡

将汽车的挡位进行简化,可以让驾驶员更易上手,减少换挡时的操作流程。需求决定市场,自动挡相比于手动挡来说,操作更加便捷,上手很快,更易驾驶,这就使得自动挡车型的市场需求量很大,受到广大新老车主的青睐。见图 2-9。

图 2-9　自动挡变速箱

（图片来源:http://auto.mop.com/a/180725183226351-2.html）

4. 小结

总而言之,简化思维是指在人们接受外部事物带来的信息的时候,学会对信息进行精简和提炼,删减一些不必要的内容,精简过程,将事物简单化,去复杂化,令产品在不失去原来作用的情况下拥有更高的效率。

简化思维的特点就是聚焦核心问题,从结果或最终目标反推,以避开其他纷繁复杂因素的干扰,有点类似于逆向思维,是一种化繁为简的思维方式,用最简单的方式解决问题。简单才是最美好的,也是高效的。

简化思维在生活中也比比皆是。比如,吃鱼虾时,如果觉得头部没啥营养,可能在下锅前就去除了;一次性用品的广泛使用,更是简化思维的典型表现。简化思维不仅是化繁为简,也可以是减少麻烦。例如:不粘锅、不沾饭粒的铲子、洗后不用冲水的洗手液,还有不需要专业摄像师操作的自动对焦相机等等。

五、转化思维

1. 来源

在产品创新创意设计中,转化思维实际是一种多视角思维,从多个角度观察同一现象,用联系的、发展的眼光看问题,会得到更加全面的认识,从多个层次、多个方面、多个角度思考同一问题,会得到更加完满的解决方案。[15]

解数学题时会用到化归思想。将一个问题由难化易、由繁化简、由复杂化简单的过程称为化归,它是转化和归结的简称。最常见的就是小学奥数题中的鸡兔同笼算法,将笼中的鸡全部化为兔或把兔全部化为鸡,从而达到解决问题的目的。

历史上有两个非常典型的转化思维案例。一个是"围魏救赵",把救助赵国的行动转化为对魏国的围困,从而迫使敌人退兵,解除了赵国的危机;另一个是"司马光砸缸",有人落水,常规的思维模式是"救人离水",而司马光面对紧急险情,运用了转化思维,果断地用石头把缸砸破,"让水离人",从而救了小伙伴的性命。

2. 适用范围

转化思维在生活类产品的设计中运用十分广泛,平时一些生活中困扰人们的小难题,只要运用了转化思维,就可以轻松解决。比如分类垃圾桶的设计,分类的图标应尽量简洁直观,让人一眼看出来什么东西应该扔在哪个桶里。收纳盒的分类也是转化的思想,使杂乱的东西变得整齐。这一思维的运用能很好地帮助人们提升生活品质。

3. 应用案例

(1)英文字母键盘的创新设计

在 19 世纪 70 年代,肖尔斯公司(SHOLES CO.)是当时最大的专业生产打字机的厂家。由于当时机械工艺不够完善,字键在击打之后弹回的速度较慢,一旦打字员击键速度太快,就容易发生两个字键绞在一起的现象,必须用手很小心地把它们分开,从而严重影响了打字速度。为此,公司时常收到客户的投诉。[16]

为了解决这个问题,设计师和工程师们伤透了脑筋,因为实在没有办法再增加字键的弹回速度。后来,有一位聪明的工程师提议:打字机绞键的原因,一方面当然是字键的弹回速度慢,另一方面也是打字员的击键速度太快了。既然无法提高字键弹回的速度,为什么不想办法降低打字员的击键速度呢?

这无疑是一条新思路。降低打字员的击键速度有许多种方法,最简单的方法就是打乱 26 个字母的排列顺序,把较常用的字母摆在较笨拙的手指下。比如,字母"O"是英语中使用频率第三高的字母,但却把它放在右手的无名指下;字母"S"和"A",也是使用频率很高的字母,却被交给了最笨拙的左手无名指和小指来击打。同样理由,使用频率较低的"V""U"等字母却由最灵活的食指来负责。见图 2-10。

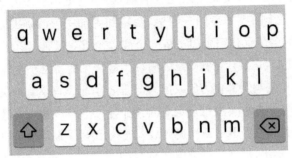

图 2-10　英语键盘键位

这种解决方案就是把解决绞键这个技术问题转化为管理问题,通过调整字键布局,使得打字员击键速度变得均衡,给字键回弹留出了足够的间隙时间,减少了绞键所产生的故障。当然,现在的电子键盘已经不存在字键回弹速度慢这个问题,但是键盘的布局还是流传至今。

（2）刷脸支付

网络或者现场支付都要解决一个关键问题,那就是对付款人的授权认证。传统的身份认证方式包括读卡、签名、输密码等,实际上都是认定账户授权。

现在通过刷脸识别付款人,既快捷又安全。从思维的角度,刷脸支付是把对账户的认证转化为对付款人的身份认证。

4. 小结

转化思维就是把陌生的事物转化为熟悉的,把复杂的对象转化为简单的,把难以理解的问题转化为直观的,把模糊的概念转化为明确的。

简而言之,转化思维其实就是在解决问题的过程中遇到障碍时,把问题由一种形式转换成另一种形式,使问题变得更简单、更清晰、更容易解决。比如,如何为超长距离的游泳运动员提供室内的训练条件？显然设计一个长达数公里的游泳池是不现实的。但是,我们可以把长度问题转化为形状问题,设计一个具有环形泳道的训练场,这样就能够以较小的室内面积提供无限长距离的训练环境。

善于对所要解决的问题进行变换和转化,可以事半功倍,使问题得以顺利解决。

六、整体思维

1. 来源

整体思维是中国的重要传统思维,这种思维方式早已有之,中国人素有的"大一统"思想,中医的"头痛医脚,脚痛医头"的整体疗法,以及中国文化偏重综合、弱于分析、概念的模糊性等都体现了这种思维方式的影响。所谓整体思维,是指把天、地、人、社会看作密切贯通的整体,认为天地人我、人身人心都处在一个整体系统中,各系统要素之间存在着互相依存的联系。[17]

整体思维又称系统思维,它认为整体是由各个局部按照一定的秩序组织起来的,要求以整体和全面的视角把握对象,以全局观来看待问题。所谓整体思维,就是从全局出发,使决策更富系统性、整体性、协同性。比如说现在的智能手机多数为一体机,整机不可拆分,后盖和机身不可分离,保证了外观的美观也提升了手机的牢固程度。再比如家具的设计,讲究一整套的完整性、风格外观统一,提升美感。

整体思维的另外一个含义是考虑问题要"面面俱到"。对于一件事物,或者是一个我们所定义的广义"产品",成功往往是由多种要素共同作用才能达成;而失败,有时候仅仅是一两个因素造成的。图 2-11 展示了举办一个生日派对所需要考虑的各种要素。

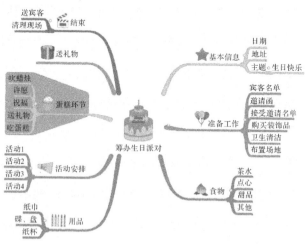

图 2-11　成功举办一个生日派对的要素

(图片来源:http://blog.sina.com.cn/s/blog_17ddcd5e80102xa45.html)

2. 适用范围

整体思维方法可用于有多个功能部件的产品设计,也可以用于管理方法、应对策略和治国方略上。比如游击战、运动战就是一种整体思维。

3. 应用案例

(1)田忌赛马

战国时期,齐国大将田忌在赛马时听从谋士孙膑的建议,用上等马与对方的中等马比赛,用中等马与对方的下等马比赛,用下等马与对方的上等马比赛,从而以三局两胜的总比分赢得胜利。这是采用整体思维的经典案例。

(2)中国加入WTO

表面上来看,我们为了加入WTO做了很多让步,有些领域受到了外商或者外资的冲击。但是,正是因为有了这些让步,我们才能够顺利地加入世贸组织,并以此为契机得到了飞速发展。2001年到2018年,我国GDP翻了9倍,对外贸易总额翻了7倍。这充分说明入世时虽然牺牲了局部利益,但是带来了整体利益的巨大收获。

(3)沃尔玛超市的天天低价策略

与大多数超市的运营方式不同,沃尔玛超市很少进行打折促销,它强调天天低价。也就是告诉消费者,尽管我不打折,但是本店整体价格水平低,所以你在本店购物的总支出一定比其他店低。天天低价是整体思维方法在营销策略上的应用。

(4)京东线下网点

京东将自营店铺、快递点等融为一体,拥有一体化的销售模式,不仅可以保障快递的快速送达,而且能够综合利用场地空间,实现线上线下销售的整合。见图2-12。

(5)Ellie Zeng设计的中西结合多功能早餐机

图2-13这款由设计师Ellie Zeng设计的早餐机可谓中西结合,一站式享受多种早餐,具备蒸笼、烤箱、烤盘、烤面包等功能,煎蛋、烤肉和烤面包可以同时进行,既方便又节省时间。将中西两种早餐的烹饪/制作集合于同一台机器中,极大地节省了资源,提高了效率。[18]

图 2-12　京东便利店

（图片来源：http://www.sohu.com/a/220664027_99978846）

图 2-13　多功能早餐机

（图片来源：http://m.sohu.com/a/143095976_393053）

4. 小结

在解决方案的时候，一般人会选择争议比较少的方案，然后去做，但是具有整体思维的人，会考虑各种方案，去重新制作一个更加适合这个整体的方案。

整体思维是原则性与灵活性有机结合的重要思维方式。事物总是相互联系、处于不断发展变化中的。整体思维就是人们运用系统观点，从整体出发，把着眼点放在全局上，注重整体效益和整体结果。只要符合整体、全局的利益，必要时可以牺牲局部的利益。人们常说的格局，就是要有一个良好的全局观。

在营销学中有 4P 理论，指"产品""价格""渠道""促销"这四个营销要素的组合。结合本书对"产品"的新定义和整体思维的原理，作者认为消费者得到的"产品"其实是包括价格在内的整个 4P 组合。

七、奥斯本检核表法

1. 来源

亚历克斯·奥斯本是美国创新技法和创新过程之父。1941年出版《思考的方法》，提出了世界上第一个创新发明技法"智力激励法"。1941年出版世界上第一部创新学专著《创造性想象》，提出了奥斯本检核表法。[19]

奥斯本检核表法是针对某种特定要求制定的检核表，主要用于新产品的研制开发。奥斯本检核表法引导人们在创造过程中对照9个方面的问题进行思考，以便启迪思路，开拓思维想象的空间，促进人们产生新设想、新方案，主要面对9个大问题：能否他用、能否借用、能否改变、能否扩大、能否缩小、能否代用、能否调换、能否颠倒、能否组合，并由这9个大问题进一步引申出许多小问题。[20]

（1）能否他用

现有的东西（如产品、原料、方法等）有无其他用途？保持原状不变能否扩大用途？稍加改变，有无别的用途？

（2）能否借用

能否从别处得到启发？能否借用别处的经验或发明？外界有无相似的想法，能否借鉴？有无类似的东西？有什么东西可供模仿？谁的东西可供模仿？现有的发明能否引入其他的创造性设想之中？

（3）能否改变

现有的东西是否可以作某些改变？改变一下会怎么样？可否改变一下形状、颜色、味道、包装、材料、功能？……改变之后，效果又将如何？

（4）能否扩大

现有的东西能否扩大使用范围？能不能增加一些东西？能否扩大体积，增加长度，提高强度，延长寿命，提高价值？

（5）能否缩小

缩小一些怎么样？现在的东西能否缩小面积，减轻重量，降低高度，降维？……能否省略，能否进一步细分？……

（6）能否代用

可否由别的东西代替，由别人代替？可否用别的材料、零件、能源代替？可否用别的方法、工艺代替？可否选择别的场地、单位、群体？

（7）能否调换

能否更换一下先后顺序？可否调换元件、部件？是否可用其他型号,可否改成另一种安排方式？原因与结果能否对换位置？能否变换一下日程？……更换一下,会怎么样？

（8）能否颠倒

倒过来会怎么样？上下是否可以倒置？左右、前后是否可以对换位置？里外可否倒换？正反是否可以对调？可否用否定代替肯定？……

（9）能否组合

从综合的角度分析问题。组合起来怎么样？能否装配成一个系统？能否把目的进行组合？能否将各种想法进行综合？能否把各种部件进行整合？等等。

2. 实施步骤

（1）明确研究对象

确定需要研究讨论的对象是什么,或者讨论问题的基础条件是什么。

（2）寻求解决方案

参照奥斯本检核表中列出的9个问题,运用丰富想象力,一个一个核对讨论,写出新设想,提出新思路。

（3）归纳总结

对提出的新设想进行筛选,将最有价值和创新性的设想筛选出来。

3. 应用案例

以电影为讨论基点,借助奥斯本检核表法的9个问题,提出创意。见表2-1。

表 2-1　奥斯本检核表法案例

问题	创意	创意产品
能否他用	把电影放映用于家庭	家庭影院
能否借用	借用数字媒体技术	电影拷贝载体的数码化
能否改变	改变电影的表现方式	3D 电影
能否扩大	扩大电影厅	露天电影
能否缩小	缩小电影厅	VIP 放映厅
能否代用	用其他材料代替幕布	水幕电影
能否调换	用替代品代替真实事物	替身、模型、布景
能否颠倒	颠倒讲述故事的顺序	电影情节的倒叙安排
能否组合	结合商业化	植入广告

奥斯本检核表法从 9 个维度提出了问题,引导人们进行创新思维。而下面的和田十二法则从 12 个维度提出了事物可能的发展建议。

八、和田十二法

1. 来源

和田十二法,又叫"和田创新法则"(和田创新十二法),即指人们在观察、认识一个事物时,考虑是否可以以某种方式进行改变。和田十二法是我国学者许立言、张福奎在奥斯本检核表基础上,借用其基本原理,加以创造而提出的一种思维技法。包括"加一加""减一减""扩一扩""缩一缩""变一变""改一改""联一联""学一学""代一代""搬一搬""反一反""定一定"一共 12 个技法。它既是对奥斯本检核表法的一种继承,又是一种大胆的创新。比如,其中的"联一联""定一定"等等,就是一种新发展。同时,这些技法更通俗易懂,简便易行,便于推广。[21-22]

2. 应用案例

比如针对农夫山泉 550ml 天然水,如何运用和田十二法来进行创新,见表 2-2。

表 2-2 运用和田十二法的创新案例

思维技法	创 意	产 品
加一加	增加营养	维 C 饮料,纤维饮料等
减一减	减少杂质	低钠、低矿化度婴幼儿饮用水
扩一扩	增加体积	1.5L 大瓶装
缩一缩	减少体积	380ml 小瓶装
变一变	改变水源	长白山水源的天然矿泉水
改一改	改变包装	玻璃瓶装
联一联	联合品牌	故宫联名款农夫山泉
学一学	学做茶饮料	东方树叶茶饮料
代一代	用纸标签代替塑料标签	长白山水源的天然矿泉水
搬一搬	借助大自然的概念	广告语"我们只是大自然的搬运工"
反一反	反常规,不采用产地品牌	不采用已有的千岛湖商标,创立农夫山泉新品牌
定一定	定位于婴幼儿市场	婴儿专用水

和田十二法和前面的奥斯本检核表法提出的创新思维都有明确的方向，而下面介绍的形态分析法需要我们自行思考从哪几个维度着手进行创新。

九、形态分析法

1. 来源

形态分析法是技术预测方法之一，由美国加州理工学院兹维基博士创立，是一种系统地探寻生产某种产品的新的技术方案的方法。[23]

所谓形态是指产品中的各个要素的各种可能状态。如果是实物产品，就是指零部件的各种可能的设计方案。

2. 实施步骤

（1）分解

把产品分解成若干要素（零部件）。

（2）排列

找出每种要素的所有可能实现的状态。

（3）组合

列出所有要素状态的可能组合。

（4）评估

对可能组合进行分析和评估，从中找出可行组合。从可行组合中，寻找那些意想不到的创新思想，进一步评估得到最优解。

下面的案例运用形态分析法对早餐选择方案进行分析，以得出最优方案。

3. 应用案例

（1）首先，对早餐进行要素分析，即确定健康营养早餐所必备的食料，有"主食""饮品"和"水果"三种；

（2）接着，对各要素进行形态分析，即确定实现这些功能要求的各种形态；

（3）建立早餐形态分析表，见表 2-3。

表 2-3　早餐的形态分析表

要素	形态 1	形态 2	形态 3
主食	面包	米饭	面条
饮品	牛奶	果汁	蛋汤
水果	苹果	橘子	香蕉

从表 2-3 中可知,主食、饮品和水果三个早餐品类一共有 27 种组合:

组合 1:面包、牛奶、苹果

组合 2:面包、牛奶、橘子

······

组合 27:面条、蛋汤、香蕉

读者可自行分析哪一种组合兼顾了营养的匹配和口味的偏好,作为最优方案。

十、头脑风暴法

1. 来源

头脑风暴法(Brain storming),由美国 BBDO 广告公司的奥斯本首创,该方法让项目小组工作人员在正常融洽和不受任何限制的气氛中以会议形式进行讨论、座谈,打破常规,积极思考,畅所欲言,充分发表看法。[24]

头脑风暴法出自"头脑风暴"一词。所谓头脑风暴(Brain-storming)最早是精神病理学上的用语,指精神病患者的精神错乱状态,如今转意为无限制的自由联想和讨论,其目的在于产生新观念或激发创新设想。[25]

在群体决策中,由于群体成员心理相互作用影响,易屈从于权威或大多数人的意见,形成所谓的"群体思维"。群体思维削弱了群体的批判精神和创造力,损害了决策的质量。为了保证群体决策的创造性,提高决策质量,管理上发展了一系列改善群体决策的方法,头脑风暴法是较为典型的一个。[25]

2. 实施步骤

(1)准备阶段

策划负责人应事先对所议问题进行一定的研究,弄清问题的实质,找到问题的关键,设定解决问题所要达到的目标。参加会议的人员不宜太多,一般以5～10人为宜。会前将会议的时间、地点、所要解决的问题、可供参考的资料和设想、需要达到的目标等事宜一并提前通知与会人员,让大家做好充分的准备。[26]

(2)热身阶段

这个阶段的目的是创造一种自由、宽松、祥和的氛围,使大家得以放松,进入一种无拘无束的状态。主持人宣布开会后,先说明会议的规则,然后随便谈点有趣的话题或问题,让大家的思维处于轻松和活跃的境界。如果所提问题与会议主题有着某种联系,人们便会轻松自如地导入会议议题,效果自然更好。[26]

（3）明确问题

主持人扼要地介绍有待解决的问题。介绍时须简洁、明确,不可过分周全,否则,过多的信息会限制人的思维,干扰思维创新的想象力。[26]

（4）畅谈阶段

畅谈是头脑风暴法的创意阶段。为了使大家能够畅所欲言,需要制订的规则是:第一,不要私下交谈,以免分散注意力。第二,不妨碍他人发言,不去评论他人发言,每人只谈自己的想法。第三,发表见解时要简单明了,一次发言只谈一种见解。主持人首先要向大家宣布这些规则,随后导引大家自由发言,自由想象,自由发挥,使彼此相互启发,相互补充,真正做到知无不言,言无不尽,畅所欲言,然后将会议发言记录进行整理。[26]

3. 用途和限制

头脑风暴法采用集体讨论的方式不仅仅是为了集思广益,更多的是为了产生思想的火花。头脑风暴法主要用于在困境下寻求突破性的思路,可用于寻找产品发展的新方向,或者是寻找当前问题的解决方案。

但是,采用头脑风暴法有以下限制:

第一,会议的成果具有不确定性,取决于主持人的领导素养和场控能力、与会成员的专业度和参与度、会议准备程度等;

第二,与会成员的提案或创意经常会缺乏深入思考和可行性;

第三,后续需要结合其他方法,进一步深入研究,才能得到有效的解决方案。

要进一步对头脑风暴法得到的创意进行分析和总结,可以先用下一节介绍的亲和图法对头脑风暴法的创意进行分类,然后用因果图法和关联图法进行更深入的分析,从而得出最终的解决方案。

十一、亲和图法

1. 来源

亲和图法(KJ法/Affinity Diagram),是指把收集到的大量事实、意见或构思等语言资料,按其相互亲和性(相近性)归纳整理,使问题明确起来,求得统一认识和协调工作,以利于问题解决的一种方法。[27]

亲和图法为日本专家川喜田二朗所创，又称卡片法。它特别适合于对头脑风暴法以及其他方法收集得到的繁杂混乱的信息进行分析整理。

2. 实施步骤

（1）信息收集

用头脑风暴法或问卷、访谈、观察等方法对问题或者工作目标有针对性地收集大量的信息。

（2）制作卡片

将收集到的各种创意或想法制作成卡片，每一个观点一张卡片。

（3）分类整理

将制作好的卡片按照其内容的亲密程度（关联程度）分成若干小组。

（4）归纳梳理

根据各组的共性或者核心内容，给每一个小组取一个名字。然后再根据各个小组之间的亲密程度判断是否能够组成一个更大的组，形成嵌套关系。见图 2-14。

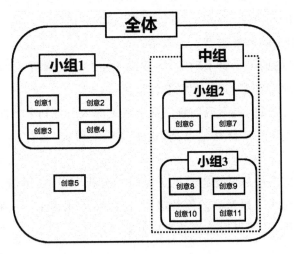

图 2-14　亲和图法示例

（5）写成报告

将调查结果写成书面报告，以便决策者判断问题的现状，并决定是否需要进行进一步调查研究。

3. 应用案例

某一个工厂针对不良品过多的问题召开了头脑风暴讨论会,收集大家提出的意见。会后,一个技术小组将大家提出的想法做成卡片,并根据卡片内容之间的亲和程度分成小组。见图2-15。

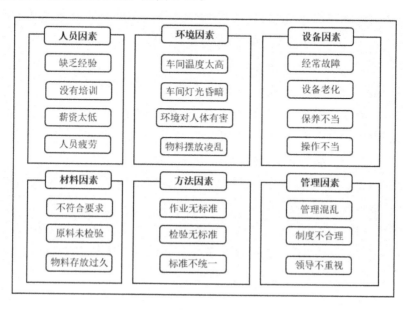

图 2-15　亲和图法案例

亲和图法非常有助于梳理复杂的信息,理清思路。但是,它通常只是一个中间工具,真正解决问题还需要借助别的思维工具,如接下来第十二小节和第十三小节要介绍的因果图法和关联图法。

十二、因果图法

1. 来源

因果图由日本管理大师石川馨先生所发明,其特点是简捷实用,深入直观。由于形状像鱼的骨架,故又名鱼骨图。主干是存在的问题或要达成的目标,主干两边有几根粗壮的分支(一级分支),表明是问题的主要原因或者是实现目标的关键条件。一级分支两侧又可以生成二级分支,依次类推,一般最多不超过四级分支。[28]

2. 典型案例

针对学习状况分析原因和要素,具体步骤如下:

(1)第一步,用头脑风暴法收集信息

先通过头脑风暴法,形成以下知识点:学习方法、定义、词语、观点、公式、定理、基础知识、基本技能、综合技能、观察力、想象力、记忆力、思维力、学习兴趣、学习习惯、意志品质、情绪问题、责任心等。

(2)第二步,用亲和图法整理分组

然后通过亲和图法形成以下小组:①学习方法;②智力因素——观察力、记忆力、思维力、想象力;③非智力因素——学习兴趣、学习习惯、意志品质、情绪问题、责任心;④基础知识——定义、词汇、概念、公式、定理;⑤学习水平——基础知识、基本技能、综合技能。

这里,第五组"学习水平"中包含了第四组"基础知识",形成嵌套关系。

(3)第三步,绘成因果图

将学习状况作为主干,第1、2、3、5组组名作为一级分支,组下各知识点作为二级分支,然后在"基础知识"这个分支下生成三级分支,第四组的基础知识成为二级分支的名称。绘制好的因果图见图2-16。

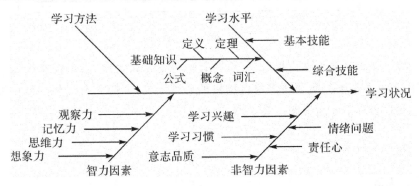

图 2-16 因果图案例

这个因果图是双向可用的。既可以用来分析学习成绩不佳的原因,也可以用来分析提高学习成绩的要素和条件。因果图非常适合分析具有树形逻辑的问题,相当直观,故应用面很广。

但是如果各要素之间有交叉、复合、逆反等复杂关系时,因果图就力不从心了。下一节介绍的关联图法是分析具有复杂关系问题的有力工具。

十三、关联图法

1. 来源

影响产品质量的因素之间存在着大量的关系,这些关系有的是纵向关系,有的是横向关系。纵向关系可以使用因果分析法来加以分析,但因果分析法对横向因果关系或者复杂关系无法很好地表现,这时关联图就大有用武之地。

关联图,又称关系图,是用来分析事物之间"原因与结果""目的与手段"等复杂关系的一种图表,它能够帮助人们从事物之间的复杂逻辑关系中找出主要问题或解决问题的最合适方法。[29]

2. 关联图的画法

关联图的画法有简单关系画法和复杂关系画法两种。

常用的是简单关系画法。采用这种画法,元素之间只有一种箭头,从一个元素 A 指向另一个元素 B,表示原因 A 导致结果 B,是一种单向关系。见图2-17。

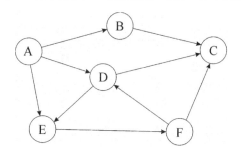

图 2-17　常用关联图的简单画法

但是世界是非常复杂的。各元素之间的关系不一定是简单的因果关系,可能具有非常复杂的关系。

本书在前人研究成果的基础上创造了一种新的复杂关系画法,与简单关系画法的差异表现在元素之间关系的复杂性上。关联图各元素之间有紧密关系、强因果关系、弱因果关系、互为因果关系(强)、互为因果关系(弱)、相反关系、相等关系等七种关系,分别用不同的线条标识,如图 2-18。

其中,紧密关系是指两者之间具有较强的联系,但并不一定具有逻辑上的直接因果关系。比如富一代和富二代之间,可能有千丝万缕的联系,但是一代富并不能保证二代一定富。

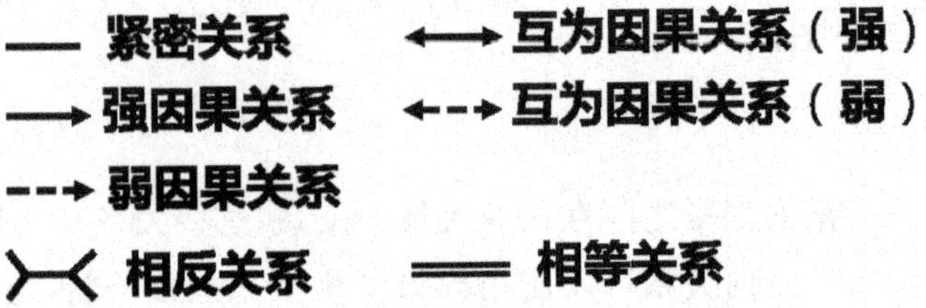

— 紧密关系　　←→ 互为因果关系（强）

→ 强因果关系　←-→ 互为因果关系（弱）

--→ 弱因果关系

>< 相反关系　　═ 相等关系

图 2-18　复杂关系的标识方式

强、弱因果关系分别表明两个元素之间具有单向因果关系，但强度不同。

互为因果关系是双向关联的因果关系，程度上也分为强和弱。

相反关系指逻辑上具有互斥或者反向的关系。

相等关系表示两者在逻辑上是等价的。

3. 应用示例

结合图 2-14 和图 2-18，绘制一张具有 7 种不同关系的关联图，见图 2-19。

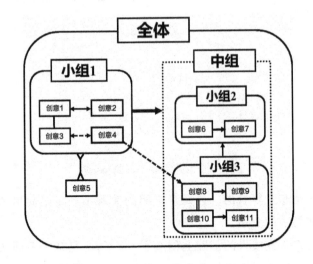

图 2-19　关联图法

显然，这个具有复杂关系的关联图非常烧脑，但是现实情况可能就是如此复杂。比如，图 2-16 中的智力因素会对非智力因素具有较大的影响。一般来说，记忆力好的同学，学习上容易形成正面激励，从而也有助于学习兴趣的提高。关联图法非常值得好好思考和运用。

结　语

　　本章介绍的常用创新思维方法不仅仅适用于产品创新,在生活、学习、工作等方面都有可能用到。有了这些思维方法作基础,我们将逐步进入创新思维的深水区。第三章是本书的核心,将系统介绍作者的五大产品创新思维理念和50多个产品创新思想方法。

📖 思考题

　　1.背水一战属于哪种思维方式?

　　2.曹冲称象可以归类于哪种思维方式?

　　3.为什么2019年6月伊朗击落了美国无人侦察机,美国原打算军事报复,后来又取消了行动计划?

　　4.说说和田十二法和奥斯本检核表法的异同点。

　　5.形态分析法的思维局限是什么?

　　6.为什么头脑风暴法难以直接得出解决方案?

　　7.因果图法的分支和亲和图法的分组是否是对应关系?

　　8.有人说,图2-19简化以后可以变成一张因果图,对吗?

　　9.试就"大众创业 万众创新"活动带来的影响画一张具有复杂关系的关联图。

　　10.就"早上起不来"的原因进行头脑风暴,把得到的各种答案进行分类,制成亲和图和因果图。

　　11.草船借箭属于哪种思维方式?说明理由。

　　12.运用形态分析法对一种饮料进行改进措施分析,并得出最优和次优的整体改进方案。

　　13.试就一个人的成长画一张具有不少于30个元素的复杂关系关联图,并附上详细的文字说明。

◎ 参考文献

　　[1]杜娟,曲双为.发散思维在灯具产品中的研究[J].西部皮革,2019,41(09):58.

　　[2]https://www.shouyihuo.com/view/5708.html

[3]https://wenku.baidu.com/view/8defcf87b8f3f90f76c66137ee06eff9aff84910.html

[4]https://www.jinchutou.com/p-52248619.html

[5]张庆伟.企业人力资源管理外包策略研究[D].西安电子科技大学,2011.

[6]余中宾,申定健.运用逆向思维培养科学思维素养的教学探析[J].中学生物学,2019,35(04):68-70.

[7]https://www.jinchutou.com/p-52248619.html

[8]吴光远.受益一生的44种思维方法[M].北京:海潮出版社,2005.

[9]庄晴简.你不可不知的60个心理定律[M].北京:企业管理出版社,2010.

[10]周新跃,刘红梅.面向科研创新的情报分析方法的探索与实践——联想关联思维法与解决问题的能力[J].情报理论与实践,2019,42(05):112-116.

[11]刘艳琼.联系思维与创新[J].科技管理与研究,2016(3):256-260.

[12]包丰源.决胜右脑[M].北京:朝华出版社,2006.

[13]http://ishare.iask.sina.com.cn/f/iTpnF42Vie.html

[14]黄雅琴,陈建伟,文慧静.名人轶事[M].上海:东华大学出版社,2005.

[15]https://baike.baidu.com/item/%E8%BD%AC%E6%8D%A2%E6%80%9D%E7%BB%B4/2814185

[16]樊一阳,叶春明,吴满琳.大学生创业学导论[M].上海:上海财经大学出版社,2005

[17]https://baike.baidu.com/item/%E6%95%A4%E4%BD%93%E6%80%9D%E7%BB%B4

[18]http://m.sohu.com/a/143095976_393053

[19][美]A.F.奥斯本.创造性想象[M].中国发明创造者基金会,中国预测研究会,1985.

[20]蓝红星.创新能力开发与训练[M].成都:西南财经大学出版社,2014.

[21]许立言,张福奎.儿童发明创造基础训练[M].上海:上海人民出版社,1985.

[22]许立言,张福奎.青年创造发明基础训练[M].上海:上海人民出版社,1987.

[23]魏铁华.创造性思维与创造技法讲座(五)[J].水利电力机械,1990(05):56-62.

［24］王学文. 工程导论［M］. 北京：电子工业出版社，2012.

［25］武文生. 创新驱动"三方法"——新经济咨询核心方法［J］. 中国科技产业，2013（8）：56-57.

［26］周志春，孙玮林. 管理学［M］. 2 版. 杭州：浙江大学出版社，2007.

［27］Lepley C J. Problem-solving tools for analyzing system problems：The affinity map and the relationship diagram［J］. The Journal of nursing administration，1998，28（12）.

［28］https：//baike. baidu. com/item/％E9％B1％BC％E9％AA％A8％E5％9B％BE? fromtitle＝％E5％9B％A0％E6％9E％9C％E5％9B％BE&fromid＝6511767

［29］Lepley C J. Affinity maps and relationship diagrams：two tools to enhance performance improvement［J］. Journal of nursing care quality，1999，13（3）.

第三章　产品创新的五大思维导向

本章导读：

　　这一章是本书的产品创新理论核心，介绍作者提出的功能导向、技术导向、经济导向、情感导向以及环境和社会责任导向等五个产品创新思维，并对每一种思维导向引出的若干具体的创新创意方法简单介绍一下。其中需求冰山理论是作者在海明威、弗洛伊德等人的理论基础上进行的拓展创新。

　　自熊彼特将技术与经济相结合，从而提出创新理论以来，学者们试图从多个维度重新定义"创新"。在熊彼特于 1911 年问世的经典之作《经济发展理论——对于利润、资本、信贷、利息金和经济周期的考察》中，他将创新定义为"建立一种新的生产函数"，即"生产要素的重新组合"，就是要把一种从来没有的关于生产要素和生产条件的"新组合"引进到生产体系中去，以实现对生产要素或生产条件的"新组合"。进一步的，熊彼特所指的创新包括五种情况：（1）采用一种新产品；（2）采用一种新的生产方法；（3）开辟一个新的市场；（4）掠取或控制原材料或半制成品的一种新的供应；（5）实现任何一种工业的新的组织，比如造成一种垄断地位。[1]

　　作者认为，创新的本质在于"变"。上一章介绍的 13 种创新思维方法是创新的思维工具，是创新之"术"；以哪一种思想理念进行改变就是创新之"道"，也就是创新的思维方向，如图 3-1。

　　如何探讨创新的思维方向和理念？我们运用了第二章中的两个创新思维方法：头脑风暴法和亲和图法，步骤如下：

图 3-1　创新的本质和思维方向

（1）由企业家、技术人员、政府官员、研究人员和大学生等多个团队多次进行头脑风暴，得出了创新的许多创新思想理念，做成词云如图 3-2。

图 3-2　创新思想理念词云图

（2）然后运用亲和图法对这些词汇按照相互关系的紧密程度进行分组，一共得到 5 个分组。

（3）接着根据每组词汇的共性提炼出其中的核心理念作为小组的名称。见图 3-3。

由此我们得到了"功能导向""技术导向""经济导向""情感导向""环境和社会责任导向"这五个创新思想理念。

如果你在工作、生活中的各种场景碰到了难题，想要突破瓶颈，改变现状，进行创新，不妨从这五个方面进行创新思考。

本章将对这五个创新思想理念进行阐述，并介绍由这些理念引发的 50 多个创新创意方法。

功能导向	技术导向	经济导向	情感导向	环境和社会责任导向
新功能 解难 防错 便利 简约 专业化 分解 组合 模块化 嫁接 跨界 副产品利用 功能替代 ……	新技术 巧妙 模仿 仿生 技术进步 原理突破 新材料 新工艺 流程创新 技术系统集成 社会系统集成 ……	降低创作成本 降低产业链成本 降低获得成本 降低使用成本 创造功能价值 创造形象价值 创造情感价值 创造社会价值 提供有效供给 发现供需缺口 创造全新需求 ……	新奇 趣味 艺术 人性化 氛围 文化 时尚 情绪 感情 体验 意境 个性化 ……	适应环境 改变环境 创造环境 环保理念 健康理念 安全理念 道德理念 企业社会责任理念 ……

图 3-3　五大创新思维导向

一、功能导向

功能导向顾名思义就是从产品的功能角度出发,考虑如何改进现有产品或者开发新产品。进一步细分,可以从以下几个方面入手:①产品功能的增加或减少;②产品功能的分解或组合;③产品功能的跨领域应用。

1. 产品功能的增加、减少

从产品功能的增加或减少这个角度,我们可以从以下六个方面进行新产品开发的思考。这里先进行简单的介绍,详细讨论放后面章节。

(1)新功能

在原有产品的基础上增加新的功能。

(2)解难

解难是从目前用户面临的困境入手,努力解消用户的难处。

(3)防错

防错是指避免用户在使用中犯错。比如三火电源插头,转一个方向就没办法插进插座。

(4)便利

便利很容易理解,就是为用户提供方便。

(5)简约

简约是在产品设计上,突出主要功能,精简次要功能。

(6)专业化

专业化是指将一个通用产品设计成某个细分领域专用的产品。比如,考试专用铅笔。

2. 产品功能的分解、组合

这个领域我们考虑分解、组合、模块化三个思路。

（1）分解

分解是指将产品的某一部分或者部分功能单独拆分，成为一个新产品。

（2）组合

组合是将两个不同产品的功能整合在一起，成为一个新产品或者复合产品。

（3）模块化

模块化是指将产品设计成各个分离的功能模块，方便用户根据自己的意愿进行选择和组合，以实现 DIY（个性化设计的产品）。

3. 产品功能的跨领域应用

从以下四个方面考虑产品功能的跨领域应用。

（1）嫁接

嫁接原指一种植物的枝条接到另一种植物的主干上形成一个新的植株。这里引申为一种产品整合了另一个领域产品的功能。比如智能手机就是把电脑的功能嫁接在功能手机上形成的新产品。

需要说明的是，前节说的"组合"和这儿的"嫁接"意思比较接近。"嫁接"更多表现为不同领域的产品的融合，而"组合"没有这个含义。

（2）跨界

跨界是指原用于某个领域的产品，应用到一个完全不同的领域。比如，尼龙抗拉能力非常强，韧性也好，原用于制作绳子，用于降落伞、渔网等。后来，工程师把它作为女性丝袜的原料，这就是跨界。

（3）副产品利用

副产品是主产品生产过程中附带产生的事物，我们可以让它发挥其他的作用。比如，炼钢产生的炉渣，可以作为铺路的材料。

（4）功能替代

功能替代是指用一种新的功能代替原有的功能。虽然新旧功能形式不一样，但是同样能够满足用户的需要。比如，电脑投影仪可以替代胶片投影仪的功能。

二、技术导向

技术导向思维考虑新技术和新管理两个方面共 10 个创新创意方法。

1. 新技术

新技术包含以下创意：巧妙、模仿、仿生、技术改进、原理突破、新材料、新工艺等 7 个方面。

（1）巧妙

巧妙并不是采用全新的技术，而是对现有技术的运用，焦点在于产品设计的智慧和技巧。

（2）模仿

模仿是仿照别的事物（除了生物体）来进行新产品开发设计。

（3）仿生

仿生是仿照大自然中的生物体的某种特性进行新产品开发设计。

（4）技术改进（渐进式创新）

技术改进（渐进式创新）是指在技术原理不变的情况下实现性能、效率的提高等。比如 CPU 的运算速度提高等。

（5）原理突破（颠覆式创新）

颠覆式创新是指技术原理发生了根本性改变。比如日光灯代替了白炽灯。

（6）新材料

新材料是指用新的材料代替旧材料，实现原有的功能。

（7）新工艺

新工艺是指技术实现方式的改变。比如做菜，煎、炸、煮、蒸、炒就是不同的制作工艺。

2. 新管理（资源整合）

新管理指通过资源整合改变产品的技术过程或技术构成，包括流程创新、技术系统集成和社会系统集成三个创新创意思想方法。

（1）流程创新

流程创新是指技术流程、业务流程或者社会活动流程的变化。这个概念比较复杂，将在第五章进行详细讨论。

（2）技术系统集成

技术系统集成是整合多个技术部件，实现全新的、综合性的功能。互联网就是集成了计算机、TCP/IP、WEB 等多项技术的一个产品。

（3）社会系统集成

社会系统集成是整合多个社会资源，实现全新的、综合性的功能。

三、经济导向

经济导向是从如何获得经济利益角度出发，从降低成本、创造价值、满足需要从而获得回报等方面思考新产品的创新创意。

1. 降低成本

（1）降低创造成本

降低创造成本是指降低产品提供者创造产品的综合资源消耗。

（2）降低产业链成本

降低产业链成本是指减少各产业链节点的成本以及产业链节点之间的物流、损耗、税收、交易费用等综合成本，以降低产业链的总成本，提高产品的性价比。

（3）降低获得成本

产品使用者的获得成本（消费者的购买成本）不仅仅限于货币成本，也包括时间、精力和体力，需要综合考虑。

（4）降低使用成本

降低使用成本是指考虑用户在产品使用中的成本，包括使用期间的各种消耗，也包括产品报废处理的成本。

2. 创造价值

创造价值包括功能价值、形象价值、情感价值和社会价值四个方面。

（1）创造功能价值

功能价值是产品最基本的价值，通常指产品功能给用户带来的直接利益。

（2）创造形象价值

产品的形象价值是指产品给使用者或者拥有者带来外观上的改变，以影响他人对产品用户的看法。

（3）创造情感价值

产品能够给用户创造情感价值，改变人们的情绪、感觉和认知。

（4）创造社会价值

创造社会价值是指产品能够给用户带来社会利益。

3. 满足需求

图 3-4 是一张不同需求的示意图，作者称之为需求冰山图。图中，波浪线表示水面。三角形表示需求的冰山，水面以上是显性需求，即可明示的需求；

水面以下是隐性需求,从上到下依次是未表明的需求、潜意识中的需求和未认知的需求。

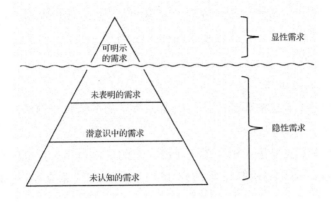

图 3-4　需求的冰山模型

其中:

显性需求是指消费者可以并愿意明示或者告知他人的需求;

隐性需求是指消费者不告知他人或者自己也没有意识到的需求;

未表明的需求是指消费者自己知道,但出于害羞、隐私保护等各种原因,不想告知他人的需求;

潜意识的需求是指消费者有需求的直觉,但是并未经过明确的逻辑思考过程,通常是曾经有过生活体验或者精神向往的事物;

未认知的需求是指消费者完全没有这一类生活体验,因此在潜意识中也不存在这种需求。但一旦认识到,并被引导或者激发,力量非常强大。

在这里,用冰和水的关系来说明各种需求对市场的影响。我们知道,冰的比重是 0.9,因此冰山露出水面的部分只有 10％。而水面下的部分占据了90％的体积。

这里,冰块的体积并不是表示不同的需求的数量多少,而是表示不同需求的力量大小。越是底层的需求,越有可能成为一股强大的社会力量。比如,第一章第二小节介绍的 iPhone5S 案例,为什么金色的 5S 能够卖得很好,用需求的冰山理论分析就知道这是消费者潜意识中的需求,人们从心底里喜欢金色,尽管可能有点俗。

冰山理论起源于美国作家海明威,他认为自己作品的文字只展现了作者思想的冰山一角[2]。美国心理学家弗洛伊德把人格定义为冰山,分为水面上的自我意识层面和水面下的无意识层面[3]。而后,很多营销学家有把冰山理论用于消费者的心理需求分析,通常认为冰山以下的隐性需求分为潜意识中的需求和未意识到的需求。

作者在前人基础上对需求的冰山模型进行了拓展:**隐性需求分为未表明的需求、潜意识中的需求和未认知的需求三个层次。其中,未认知的需求力量最大。一旦社会群体中具有共性的未认知需求被激发,其力量惊人,往往能够改变一个社会的状态,建立一种新秩序。**

产品创造者可以通过满足社会的需求来实现自身的经济利益,有以下三个途径:

(1)提供有效供给

很多时候,显性需求大家都知道,但是市场呈现供过于求的状态,那产品创造者如何在这种情形下参与竞争并获得胜利呢? 只有一条路,要能够提供比竞争者更加有竞争力的产品,以更好地满足市场的需求,就能够获得更大的成功。

(2)发现供需缺口

需求冰山的中间两层,即隐性需求中的未表明需求和潜意识中的需求,往往未被产品供应方认识到。这就容易造成市场的现实供应和用户的真实需求不一致、不平衡、不对等,形成供需缺口。一个成功的产品创造者应该善于发现这水面下的需求缺口,抓住市场机遇,提供创意产品。

(3)创造全新需求

创造全新需求是指通过颠覆性、突破性的技术创新,创造一种全新的产品形式,同时激发用户没有认识到的需求,或者说是创造了全新的用户需求。

伟大的成功者往往能够发现消费者的内心世界或者是社会的最底层需求,开发革命性的创新产品。如当今中国社会已彻底解决了 14 亿人的温饱问题,人们逐渐走上小康生活,高质量的物质需求与精神需求就成了大多数人的新的创新点。

四、情感导向

针对情感导向的创新创意方法有新奇、趣味、艺术、意境、氛围、文化、时尚、情绪、感情、体验、人性化、个性化等,我们把这些创意分为倾向于外在感受和倾向于内在感受这两大类。

1. 倾向于外在感受的情感导向创新创意思想

所谓外在感受,是指这些创意产生的情感要素是能够被人们共同感受到,且个体间感受差别不大。这一类创意思想包括新奇、趣味、艺术、人性化、氛围、文化、时尚等。

（1）新奇

产品的设计非常新颖，容易引起好奇，吸引买家注意。

（2）趣味

通过某种流程安排或者产品设计，用户觉得有意思或者有乐趣，从而产生对产品的向往。

（3）艺术

产品设计中加上艺术的元素，使产品更加富有美感。

（4）人性化

人性化是指为用户量身打造非常贴合其需要的产品。

（5）氛围

创造一种环境使用户沉浸在一种特别的感受之中。比如餐饮店的装潢。

（6）文化

为产品增加文化元素或者 IP 标签。这里的 IP 原意是知识产权（Intellectual Property）的英文缩写，这里特指是传媒领域的 IP 概念，可以是一个故事情节、一种思想创意、一种文化表现、一个人物、一幅漫画、一个品牌名称或符号（LOGO）等。

（7）时尚

时尚，就是人们对社会某种事物一时的向往和喜好，多指当前流行的风潮，包括流行的产品和思想潮流等等。

2. 倾向于内在感受的情感导向创新创意思想

所谓内在感受，是指这些创意产生的情感要素往往是只被用户个体感受到，是用户内心的小世界，且个体间的感受差异较大。创意包括情绪、感情、体验、意境、个性化等。

（1）情绪

诱导、激发、迎合、平衡或化解用户的情绪，如快乐、愤怒、恐惧、悲哀、开心、高兴、兴奋、激动、喜悦、惊喜、惊讶、生气、紧张、焦虑、怨恨、忧郁、伤心、难过、恐慌、恐惧、担心、害怕、害羞、羞耻、惭愧、后悔、内疚、迷恋、平静、急躁、厌烦、痛苦、悲观、沮丧、懒散、悠闲、得意、自在、安宁、自卑、自满、自豪、不平、不满、同情、光荣、荣耀、烦恼等，使用户产生需求或者扩大需求。

（2）感情

激发用户的亲情、友情、爱情、崇拜之情、感激之情、关爱之情、思念之情等等。

（3）体验

使用户在产品的使用或者参与过程中，得到深刻的感受。

（4）意境

让用户产生某种空间、时间和概念上跨度较大的联想。比如仿古工艺品。

（5）个性化

个性化是指产品不是千篇一律的，而是针对每个个体的特点重新设计，以满足不同个体的特殊要求。

五、环境和社会责任导向

无论产品的开发者、推广者是个人还是组织，都处于一个客观环境之中，受环境制约，又对环境具有反作用。产品的创造者必须要承担包括保护环境、创造美好环境在内的社会责任。如果产品创造者是企业，这就是企业的社会责任。

1. 自然环境、社会环境、市场环境和营商环境

我们所说的环境，包括自然环境、社会环境、市场环境和营商环境。产品创造者和产品的使用者都处于环境这个客观现实中。以下首先探讨产品创造和环境的辩证关系。

2. 产品创造与环境的关系

我们从适应环境、改变环境、创造环境三个方面探讨产品创造与环境的关系。

（1）适应环境

适应环境是每一个人或社会组织在环境中生存的必要条件。越适应客观环境，个体生存质量就越高。但是，仅仅适应是远远不够的。每一个个体每时每刻都在改变周边的环境，甚至创造新的环境。

（2）改变环境

从根本上说，产品的创造就是对环境的改变。一方面，产品的创造过程会消耗资源，造成对环境的改变；另一方面，产品推向市场，会对用户和竞争对手产生影响，也就改变了市场这个环境。同时，我们也要善于改变所处的环境，使得生存的质量变得更好。

(3)创造环境

创造环境是指营造一个新的环境或者大幅度地改变原有的环境。比如，通过创造革命性的产品激发用户的需求，从而产生了一个对产品开发者非常有利的市场环境。当年苹果公司开发的初代 iPhone，就从无到有创造了一个市场对智能手机的需求环境。

创造环境的一个高级境界是创造时尚。指通过对产品的销售、推广和使用，形成了一股新的社会潮流。比如，第一章所提到的政府倡导居民进行垃圾科学分类，形成了一个社会的新时尚。

3. 产品创新与社会责任的关系

(1)环保理念

环保理念是指产品在开发、生产、销售、使用、报废过程中，减轻对环境的破坏，减少资源的消耗。

(2)健康理念

健康理念是指产品在开发、生产、销售、使用、报废过程中，能够有益于生产者、使用者和他人的身心健康，或者不会对健康造成损害。

(3)安全理念

安全理念是指产品在开发、生产、销售、使用、报废过程中，对生产者、使用者和他人的生命或财产不构成威胁或者损害。

(4)道德理念

道德理念是指产品在开发、生产、销售、使用、报废过程中，符合法律和社会公德，倡导和传播正能量。

(5)企业社会责任理念

企业社会责任(Corporate Social Responsibility,简称 CSR)是指企业在创造利润、对股东和员工承担法律责任的同时，还要承担对消费者、社区、环境和社会的责任，企业的社会责任要求企业必须超越把利润作为唯一目标的传统理念，强调在生产过程中对人的价值的关注，强调对环境、消费者、对社会的贡献。[4]

作者提出环保、安全、健康和道德理念，就是从各个不同角度对企业社会责任的阐释。

结　语

本章对五大产品创新导向和 50 多种创新创意思想方法的介绍，仅仅停留在理论框架层面，非常粗浅。接下来，将在第四章～第八章分别对这五大理念展开深入的讨论。

 **思考题**

1. 本章提出的这五个产品创新思维导向和 50 多个产品创新创意方法，其中是否有交叉重合的部分，主要体现在哪些概念之间？

2. 第三小节的需求冰山模型中的"需求"，是第一章第二小节营销理论中的"需要""欲望""需求"三要素中的哪一个？

3. 你能举出产品功能跨界应用的例子吗？

4. 哪些流程创新改变了你的生活？

5. 有哪些方法可以降低产业链的成本？

6. 举出产品创造情感价值的案例。

7. 过山车给消费者提供了什么价值？

8. 为什么许多公司都在努力成为环境友好企业？

9. 分别举出冰山模型不同层次需求的各 10 个案例。

10. 谈谈对需求的冰山模型的感想。

11. 举出冰山模型水下三个层次的产品案例各 10 个，并用理论进行说明。

◎ 参考文献

[1] 约瑟夫·熊彼特.经济发展理论——对于利润、资本、信贷、利息和经济周期的考察[M].何畏,易家详,张军扩,等译.北京:商务印书馆,2017.

[2] 瞿后铭.从列文森的信息准则看海明威的冰山理论[J].湖北函授大学学报,2015,28(18):176-177.

[3] 西格蒙德·弗洛伊德.自我与本我[M].林尘,张唤民,陈伟奇,译.上海:上海译文出版社,2011.

[4] https://baike.baidu.com/item/％E4％BC％81％E4％B8％9A％E7％A4％BE％E4％BC％9A％E8％B4％A3％E4％BB％BB/1275

第四章　功能导向的应用和案例

本章导读：

　　这一章从产品的功能角度出发，讨论如何改进现有产品或者开发新产品，分为以下三个方面分别进行探讨：(1)产品功能的增加或减少；(2)产品功能的分解或组合；(3)产品功能的跨领域应用。作者提出了13种具体的产品创新创意思想方法，并辅之大量的案例加以详细说明。

　　产品的功能，是产品的作用、功效或者用途，是产品创造者意图对用户、第三方和环境带来的变化和提供的利益。

　　通常情况下，产品的功能是产品创造者有意设计的，是为了向用户提供一定的价值，以获取用户的回报。拿商品来说，就是厂商为用户提供包括使用价值、服务价值、人员价值和形象价值在内的总价值，以换取购买者的价值回报（通常是货币）。

　　但是，产品的使用者可能会以自己的方式来使用产品，实现产品创造者意图以外的功效。比如，碳酸饮料不仅可以饮用，也可以用来清洁瓷器。榔头可以用来敲钉子，也可以用来砸核桃。也就是说，产品的用户，会对产品的功能进行二次创新和开发。

　　说到产品的功效，还有一个方面就是产品的副作用。任何产品都不可避免有副作用，但是产品的创造者应该尽可能减少产品对用户、第三方和环境产生负面的、消极的影响。

一、产品功能的增加、减少

开发新产品有一个捷径,就是在现有的产品上进行更改。本小节探讨如何通过对旧产品的功能进行增加、减少或重新规划来设计新产品,包括新功能、解难、防错、便利、简约、专业化等创新创意方法。

1. 新功能

很多产品设计者面临的,是产品已经存在,并非从零开始。因此,要实现产品的优化,需要在产品设计时进行功能的新增。

新功能,顾名思义,是在产品原有功能的基础上新增的功效、作用和用途,以满足用户新的需要和欲望。

新功能的需求来源有很多:设计者的主观思考,用户的反馈,管理者的决策等。不管需求来源于哪里,产品增加新功能,是在产品原有功能无法满足用户需要情况下的一种产品创新方法。

新功能这个创新理念可以用于几乎所有类别的产品。以下是一些典型案例。

(1)典型案例:花瓶灭火器

三星公司开发了一种带灭火器功能的花瓶,既保留了花瓶本身的观赏功能,又解决了灭火器平时无处摆放、急用时又很难找到的难题。

消防是任何场合都需要注意的事情。在温馨的家里,更需要防患火灾。而很少有人会在家里像公共场合一样摆放一个灭火器,很大一部分原因是普通的家用灭火器体积大,外观丑陋,放在家里格格不入。为此,三星推出了一款灭火花瓶 Firevase。Firevase 外观简明大方,体积小所占空间不大,平时可以插上鲜花当花瓶,着火时不像灭火器一样操作复杂,只需直接将花瓶扔向着火点,火立即熄灭了。这是因为 Firevase 采用双层设计,内外两层之间夹杂着一些碳酸钾液体。这些液体在花瓶打碎之后,会迅速冷却并抑制周围的氧气含量,从而起到了灭火的效果。见图 4-1。

(2)典型案例:带灯的 U 盘

相信很多人都喜欢晚上睡觉时留一盏小夜灯,设计师将 U 盘和 LED 灯结合,设计出一款带灯的 USB 闪存,将它接在 USB 插座上,就可以打开小夜灯了。U 盘这种小东西大部分人都会有,也是人们平时最容易丢的小东西之一。这款产品设计增加了 U 盘的整体体积,使其容易被人们看到。LED 灯能

图 4-1　花瓶灭火器 Firevase

(图片来源：https://www.xianjichina.com/special/detail_392394.html)

耗很低，用 USB 接口来驱动再好不过了。这款带灯 U 盘耗电量少，便于携带，外出办公时，既可以当 U 盘储存需要的资料，又可以在睡觉时插在电脑上，变身小夜灯，一物两用。见图 4-2。

图 4-2　带灯的 U 盘

(图片来源：http://www.t-nan.com/pnr50018917/45307522915.html)

(3)典型案例：可以收纳耳机的移动电源

有手机的朋友经常会带上移动电源和耳机。尽管蓝牙耳机流行很久了，还是有许多人钟爱于有线耳机。耳机线经常缠成一团乱麻，令人困惑！设计师 Shane Li 设计了一款能收纳耳机的移动电源，在移动电源的外壳上，设置了两个凹洞，刚好可以把配套的耳机线缠在电源上，然后把耳机塞进这两个小洞。创意十分简单，但是却减轻了我们很多麻烦。为普通的移动电源增加了收纳功能，这恐怕是许多人都没有想到的吧！见图 4-3。

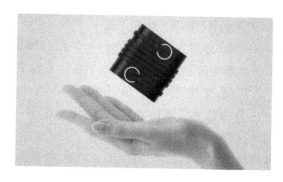

图 4-3　可以收纳耳机的移动电源

（图片来源：http://www.ixiqi.com/archives/103664）

（4）典型案例：防瞌睡帽子

不少车祸是由疲劳驾驶导致的，在连续驾驶 4 个小时以上或前一晚没有得到足够的睡眠，司机往往会感觉到疲倦，不能集中注意力。这时如果司机一个人开车行驶的话就比较危险了。福特公司研发了一款防瞌睡的帽子 SafeCap。SafeCap 内部安装了加速度计和陀螺仪，当感知到司机与困倦瞌睡有关的头部动作，SafeCap 就会通过发出声音、光线、震动来把司机叫醒，以消除安全隐患。同时福特公司为了防止帽子对驾驶员头部动作判断失误，在设计时，对驾驶员检查仪表盘、看后视镜等驾车动作，与疲倦瞌睡动作做出了区分。这款帽子既可以在平时当作一顶形象时尚的帽子，还可以成为你驾驶途中的忠实伴侣守护你的安全。见图 4-4。

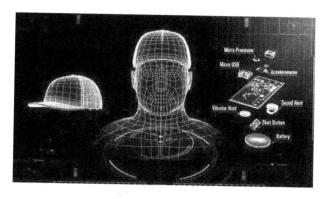

图 4-4　防瞌睡的帽子

（图片来源：https://www.jianshu.com/p/82510eb722e9）

（5）典型案例：Backpack‐Relax 枕头背包

在当代快节奏社会中，许多人都十分忙碌，有时候会感觉非常疲倦，世界顶级高校内更是不乏走着走着就睡在椅子上的学生。人们需要在短时间内得到良好的休息，但是随身携带一个枕头似乎是不太现实的。Maya Prokhorova 设计了一款内置充气囊的背包，当你累了乏了，就将背包充满气当作枕头，这样你就可以直接找个地方舒服地趴一会了。有些人担心将背包当成枕头用时背包内物品会受到伤害，可以保证的是，背包对物品的保护功能丝毫不会随着它另一功能的实现而降低。Backpack-Relax 一旦充气，空气容器就会产生一个屏障，保护你里面的贵重物品不受外界伤害。见图 4-5。

图 4-5　Backpack Relax 枕头背包

（图片来源：http://info. textile. hc360. com/2017/10/311808780179. shtml）

（6）新产品创意：自动提醒枕

问题来源：我们平时在睡觉的时候，总需要把闹钟放到床边设置好提醒时间。一旦忘记了，第二天就会出现睡过头的情况。而且有时候，闹钟声音过大还会带来扰乱他人的问题。

创意：枕头一般只具备家居的功能。我们可以让枕头也具备提醒的功能，遇到需要提醒早起的情况，枕头可以通过轻微震动来使我们清醒过来，从而既不会出现叫不醒的情况，也不会出现噪音的烦恼。

（7）小结

创新的根本出发点，应当是以用户需求为衡量标准，立足于用户需要和欲望。正如著名美国设计理论家维克多·帕帕奈克提出来的那样，为人的"需求"设计才是设计唯一有意义的方向，以及产品设计师应该秉承的职业操守[1]。

产品的新功能就是在产品原有功能的基础上对产品功能的增加而改善产品的整体功效。

我们要知道:增加这个功能的目的是什么? 做的意义有多大? 目标用户是谁? 解决了用户在什么场景下的什么需求? 以及有没有不喜欢新功能的用户? 只有回答了这些问题,才能更好地做出适合市场和消费者需要的产品。

2. 解难

解难一词,根据现代汉语词典的官方解释,为解决困难或疑难。对于产品来说,痛点多是指尚未被满足的而又被广泛渴望的需求。因此,解难的产品创意设计,从消费者的痛点出发,帮助解决用户遇见的难题,解决人们在生活中遇到的不便之处,消除他们的痛点。

在日常生活、工作和社会活动中经常会碰到困惑、难点和痛处,或大或小地影响着个人或组织的效率和效益,造成一定的麻烦、障碍甚至危险,也会影响到我们实现目标的可能性。

比如,下水道容易堵塞、城市交通会产生拥堵、路途遥远使得亲人难以相聚等都是人们经常面临的困境。下面是一些运用解难创意设计的典型案例。

(1)典型案例:浴室防滑垫

浴室往往是最容易滑倒的地方,一些老年朋友更是由于年纪大了身体不灵活而成为浴室摔倒的主要人群。每次洗澡,不管是淋浴也好,泡澡也好,洗完澡后浴室总免不了湿漉漉的,或是洗澡时不小心将水溅出来了,或是洗澡时间太长导致水蒸气弥漫附着,加上人们洗完澡后身体还未擦干,浴室防滑成了每一个家庭都必须考虑的一个事项。防滑垫具有很好的防滑作用,可以运用于浴室或者卫生间,通过吸收水分、增加摩擦力等防止人们在湿滑的环境中跌倒。同时防滑垫价格便宜,当防滑作用出现下降或人们想更换新的防滑垫款式时所需成本也低。见图4-6。

(2)典型案例:桌面收纳盒

许多人都有一个困惑,花了一个小时好不容易收拾好的桌面,过了十分钟又是杂乱无章。特别是办公桌,既要在有限的空间放置很多办公物品,又要尽可能保持干净整洁,这时候办公室桌面收纳盒对于他们来讲就十分有用了。收纳盒设计巧妙,能够放置很多的文具、书籍、资料等物品,分门别类,整洁有序,当再次需要使用某件物品时也可以轻而易举地从一堆物品中找到,同时,有些收纳盒还能起到美观作用,为忙碌的工作生活增添一点温馨。见图 4-7。

图 4-6　浴室防滑垫

（图片来源：https://www.item.jd.com/57262448633.html）

图 4-7　桌面收纳盒

（图片来源：https://www.item.jd.com/58362946769.html）

（3）典型案例：下水道清理器

在洗头时，总免不了不知不觉地掉一些头发，或许一天两天还看不出什么，但是日积月累，浴室下水道总免不了堵塞，堵塞的位置往往是人们不能轻易够到的。同时因为下水道给人一向是脏污的形象，堵塞物令许多有洁癖的人受不了，这就对生活造成很大的困扰。有经验的家庭主妇都会在家备一根下水道清理器。下水道清理器上有许多倒刺或类似齿梳的结构，可以有效地卡住头发和一些污物，不让它们进入下水管道。下水道清洁器的顶部有一个可以用手提的指环结构，照顾到人们爱干净的心理，不必弄脏自己的手。而且齿间的距离设计也决定了它上面的头发可以轻易清理。这个产品简单方便易于操作，清理效果好且价格实惠，是许多家庭的必备物品。见图 4-8。

图 4-8　下水道清洁器

（图片来源：http://www.item.jd.com/26331719615.html)

（4）典型案例：加湿器

一般情况下，温度最能够直接影响人们对生活环境的感受。同样，湿度和空气质量也会对人们的生活、健康造成影响。冬天室内往往比较干燥，如果使用暖气，室内环境会更加干燥，而干燥的环境会导致加速体内水分流失，从而使肌肤纤维失去韧性导致断裂，形成无法修复的皱纹，加速生命的衰老。而且，干燥的环境易引发哮喘、肺气肿、气管炎等呼吸道疾病。

加湿器的应用就是为了解决这一困境。家用加湿器一般采用超声波方式将水雾化，并通过风机将雾化的水汽吹出壳体，从而达到加湿空气的效果，除了普通的加湿效果外，加湿器也有很多妙用的，比如在加湿器里加几滴醋，能起到杀菌作用。晚上在加湿器里滴入一些薰衣草精油，可以提高睡眠质量。居室里适当加湿还可以有效保持木质家具不变形、刚刷的墙面不开裂、空气中的粉尘不易飞扬等。[2]见图 4-9。

图 4-9　加湿器

（图片来源：http://product.suning.com/0070067841/645170669.html)

(5)典型案例:速干衣

运动完以后,我们往往会碰到这样的难题:出了一身汗以后,衣服被汗打湿,黏在身上特别不舒服,被风一吹,又凉飕飕的,容易引起感冒。速干衣就是干的比较快的衣服,与毛质或棉质的衣物相比,在外界条件相同的情况下,更容易将水分挥发出去,干得更快。它并不是把汗水吸收,而是将汗水迅速地转移到衣服的表面,通过空气流通将汗水蒸发,从而达到速干的目的,一般的速干衣干燥速度比棉织物要快 50%,从而很好地解决了被汗打湿带来的不适感。[3]见图 4-10。

图 4-10 速干衣

(图片来源:https://b2b.hc360.com/supplyself/80483149659.html)

(6)典型案例:双面擦窗器

由于土地稀缺,建筑物纷纷向上拓展空间,都市中高楼林立。困扰高楼住户的一个大问题就是擦玻璃窗。尤其是高楼外侧的玻璃,实在是没有办法进行清洁。现在,有厂商设计了能够双面擦洗玻璃的擦窗器。内外两个擦窗器尽管是分离的,但是依赖于磁铁的吸力,牢牢地形成一个组合体,哪怕是中间隔了几层玻璃也能够一起运动,着实解决了高楼居民的一个大难题。甚至还有自动擦窗机器人,为你免除擦窗的烦恼和辛劳。见图 4-11。

图 4-11 双面擦窗器

(图片来源:https://www.item.jd.com/58766628293.html)

（7）小结

运用解难思想进行产品创新,需要了解用户在生活、工作中遇到的困难。可以通过问卷、访谈、观察等方法了解用户需求,明白消费者的痛点所在,才能设计出能够解决用户实际困难的产品。

3. 防错

防错,通俗来讲,就是防止错误。在工业中,日文称 POKA-YOKE,又称愚巧法、防呆法,意即在过程失误发生之前即加以防止。它是一种在作业过程中采用自动作用、报警、标识、分类等手段,使作业人员不特别注意也不会失误的方法。而在产品设计中,产品的防错功能,旨在能够防止人为的错误或者让人一眼就能发现错误的地方。也就是说,防错产品用途包括两个方面:一是杜绝产生特定产品缺陷的因素,二是通过创意设计使产品更加能帮助人们预先防止可能的错误发生。[4]

总而言之,防错产品创意的最终目的,是在有效防止错误发生的同时在产品使用过程中带给人们更好的产品体验。

防错设计在工业品中应用很广。比如在一架现代客机上,有很多软件硬件组成的自动驾驶系统用来防止飞行员犯错[5]。而波音 737MAX 系列飞机的两次坠机,恰恰是一个防错系统的设计存在缺陷。

防错产品在消费品中也有广泛应用。比如现在的面板插座,普遍有防触电设计,可以防止婴幼儿把手指插入插孔导致触电事故。

下面介绍一些典型案例。

（1）典型案例:机油故障警告灯

汽车已经成为人们的日常代步工具,但是机器用久了总会出现一些问题,更何况是具有大量运动部件的汽车。机油警告灯可以反映一部分的问题。机油油量不足,发动机温度过高,回油阀损坏或失灵等都会导致油压警告灯亮,当机油故障警告灯亮起的时候,我们必须做到马上关闭发动机寻找原因。机油故障警告灯就是为了防止发动机在缺乏足够机油情况下继续使用而导致故障扩大化。见图4-12。

（2）典型案例:烟雾报警器

水火无情,一场火灾往往能毁掉一个家庭甚至是好几个家庭,而一场大火的起源可能只是一根未踩灭的烟头,一件出故障的电器,令人防不胜防。火灾发生初期,火势非常小,容易扑灭,造成的损失不大,但是火灾初期往往无人发

图 4-12　机油故障警告灯

(图片来源:https://auto.mop.com/a/181118115434222-2.html)

现,容易酿成大祸,火势蔓延后,其造成的损失就是非常巨大的了。为了避免火灾的发生或火情扩大,提醒人们及时采取灭火或者避难措施,人们设计了烟雾报警器。烟雾报警器通过监测烟雾来实现火灾报警。一旦有烟雾产生,触发了其中的传感器,它就会发出信号,通知人们采取措施。见图 4-13。

图 4-13　烟雾报警器

(图片来源:https://baike.sogou.com/v681449.htm? ch=zhihu.topic)

(3)典型案例:无叶风扇

无叶风扇没有普通风扇常有的叶片,因而不会伤到人,特别是儿童。无叶风扇造型清爽,易于清洁。它的底座是一个空气压缩机,压缩后的空气从环状的狭缝里吹出来。见图 4-14。

(4)典型案例:预备队

打仗时,不到万不得已,指挥官不会用完所有部队,会留下一支部队作预备,以防不测。这是防错原理在军事上的应用。

(5)典型案例:不间断电源(UPS)

很多重要设备或场所需要连续供电,是不能断电的,如手术室、计算机房、铁路控制系统等。但是,出于事故或者别的原因断电还是有可能发生的。于

图 4-14　无叶风扇

（图片来源：http://wuyefengshan.shgao.com/20121205/119953.shtml）

是，工程师发明了 UPS 作为应急电源。UPS 配备有大容量的蓄电池，可以转换为与市电相同的交流电。平时 UPS 处于待机状态，当市电中断时能够迅速接替供电，以免重要设备断电造成重大损失。

（6）典型案例：外开窗防坠链

外开窗防坠链可以有效防止窗扇由于连接件失效而坠落；也可以防止由恶劣环境导致的连接损坏而使窗扇掉落的情况发生；消除了窗扇掉落对街上行人所造成的安全隐患。另外它还有控制开窗角度的作用。见图4-15。

图 4-15　外开窗防坠链

（图片来源：http://jiaju.sina.com.cn/news/pingce/20170808/6300577754832502915.shtml）

（7）小结

产品的防错功能，强调的是通过产品功能的完善来帮助人们预先防止错误而非事后补救。从某种程度上来说，人们之所以会有防错的需求，是因为大家对风险可控性和低试错成本的追求。产品防错功能的增加,正是为了满足人们对于稳定、正确的追求。

与解难产品不同,防错产品的设计需要更缜密的思考和严谨的逻辑作为支撑,特别是工业和科技领域的防错产品,甚至需要一定的专业知识储备作为后盾。当然,生活中的防错产品,不仅需要人们善于总结错误,更需要的是人们如何在总结错误教训的基础上去思考如何更好地预防错误的发生。

4. 便利

便利一词,意为方便且有利。《墨子·尚同中》有云:"万民之所便利,而能彊从事焉,则万民之亲可得也。"司马迁在《史记·高祖本纪》有一句话:"地势便利,其以下兵於诸侯,譬犹居高屋之上建瓴水也。"《汉书·魏相传》也说:"所以周急继困,慰安元元,便利百姓之道甚备。"[6]

当下,市场繁荣,大多数产品供过于求,竞争日趋激烈。而由于经济的发展、生活方式的丰富,人们越来越追求快节奏的生活方式,更关注于产品的便利性,希望能简洁、直接并有效地达成需求的满足,消费者对产品便利性设计的要求正越来越高。

因而在产品设计中,便利性逐渐成为日用消费类产品的重要特性。便利的产品创意,努力满足消费者快节奏的使用需求,给消费者带来舒适便利的感觉和更好的使用体验。注重便利性设计的产品,在日常生活中经常能够看到。

(1)典型案例:导航软件

人的一生都在不断探索,我们不可能固定地待在一个地方,平时吃喝玩乐、走亲访友,我们都会走到一个陌生的地方,可能是一家从未去过的网红餐厅,可能是一家新开的健身房。普通的地图不够详细,靠向路人问路略显烦琐,部分认路能力比较差的人往往会在迷路中怀疑自我。导航软件的出现便利了人们的出行。有了它以后,我们只需在 APP 上输入目的地,软件就会为我们规划路线了,步行、公交、驾车、打的各种出行方式能够满足不同人群的需要,我们甚至还能通过导航软件查询到目的地及周边的相关信息。见图4-16。

(2)典型案例:床头置物架

床头置物架被称为宿舍神器,在大学生群体中非常普及,能够悬挂在床栏上,放置一些物品,比如手机,学生睡着以后就可以把手机放到置物架上,避免睡着后不小心将手机摔下床或放在枕头下影响睡眠。有些人睡前还喜欢看一些纸质书,看完后就可以放到床头置物架上。除此,床头置物架还可以放置许多诸如纸巾、眼镜、笔、护肤品等随手搁置的小物品。床头置物架免去了我们

图 4-16　导航软件

需要爬上爬下拿取放置物品的烦恼,也给局促的床头带来了拓展的小空间,的确给了我们很大的便利。见图 4-17。

（3）典型案例:耳温计

传统的水银温度计使用步骤烦琐,使用前需要用酒精棉对温度计做整体的杀毒,确保无细菌交叉感染,还要将水银温度计甩一甩,让水银柱回到 35 摄氏度的刻度线以下位置,以免测量不准确。不但如此,水银温度计还容易摔碎。当一支水银温度计摔碎后,安全清理泄露的水银是一件十分麻烦的事情,一不小心就会在室内残留下水银,对身体造成不良影响。而使用耳温计则不需担心这么多,使用方法也更为简洁,只需开启电源,将耳温计伸到耳道里面,就可以进行测量。因为耳温计测量点离大脑近,因此测量的数据也相对比较精准,数据读取也一目了然。同时,水银温度计的测量比较耗时,需要使用者

图 4-17　床头置物架

（图片来源：https://b2b.hc360.com/viewPics/supplyself_pics/80374563841.html）

花费3到5分钟的等待时间。而耳温计只需一秒便完成测量，既省时又方便。耳温计的发明带给了人们许多的便利。见图4-18。

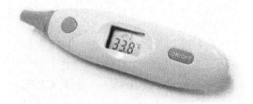

图 4-18　耳温计

（图片来源：https://baike.so.com/doc/2934201-3096057.html）

（4）典型案例：自动铅笔

可能许多人还有印象，小时候写作业用过的铅笔，木质的外壳包着石墨芯，使用时需要用小刀削或是放进卷笔刀里面卷，用不了一会笔尖就钝了，字迹粗细不均。但其实对于不进行素描绘画的人来说，自动铅笔就能够满足所有对铅笔的需求了。自动铅笔不用削木壳，不会将手弄得脏兮兮的，只需更换里面的铅笔芯，一支笔可以用许久时间，写出来的字迹十分纤细美观，且携带方便。自动铅笔给写字的人带来了便利。

（5）典型案例：无线充电技术

无线充电技术，又称作感应充电、非接触式感应充电，源于无线电力输送技术，是利用近场感应，也就是电感耦合，由供电设备（充电器）将能量传送至用电的装置,该装置使用接收到的能量对电池充电,并同时供其本身运作之用。由于充电器与用电装置之间以电感耦合传送能量,两者之间不用电线连接,因此充电器及用电的装置都可以做到无导电接点外露。无线充电技术不仅可用于手机充电,还能在其他方面推广应用,如电动汽车的充电。[7] 见图4-19。

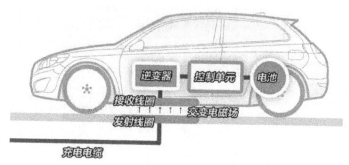

图 4-19　无线充电技术

(图片来源:http://www.ibgbuy.com/article.php? id=4071)

(6)典型案例:ETC 收费系统

人们过高速公路收费站时,经常会遇到排队的现象,而且收费的过程也略显麻烦,容易发生递钱够不着、掉钱等意外情况。收费员不仅工作量大,工作还有一定的危险性。

采用 ETC 收费系统不仅方便了通行者,也提高了过收费站的速度,减轻了收费站工作人员的劳动强度,同时数据也便于实时统计和分析。见图4-20。

(7)新产品创意:带刻度的剪刀

剪刀,是我们日常用品之一,用途广泛。但是有的时候,我们需要剪开一定长度的口子,就不太好把握。需要用尺子量好,再作上标记,然后开剪。比较麻烦。有没有可能把让剪刀带上刻度,想剪多长就剪多长?这样岂不方便?见图 4-21。

(8)小结

产品的便利功能,最突出的表现就是功能和使用的最简化。在功能设置、使用维护的相应设计上一定要符合人们的日常生活习惯。即使设计中有突破性的改进设计,也是必须能为普通消费者易于理解和接受的。

图 4-20　ETC 收费系统

（图片来源：http://3g.163.com/dy/article/EF38AHA90518VF29.html）

图 4-21　带刻度的剪刀

5. 简约

　　在产品的创意创新领域，各种风格层出不穷。其中，简约主义一直备受消费者推崇，是商家关注的消费热点之一。简约起源于现代的极简主义。以简洁的表现形式来满足人们对空间环境那种感性的、本能的和理性的需求，这是当今国际社会流行的设计风格——简洁明快的简约主义。简约主义是在 20 世纪 80 年代中期对复古风潮的叛逆和极简美学的基础上发展起来的，90 年代初期，开始融入室内设计领域。[8]

　　而在产品设计中，这里的"简约风格"指产品特性将设计的元素、色彩、照明、原材料简化到最少的程度，但对色彩、材料的质感要求很高。产品设计的本质在于满足人们对于产品使用功能的需求。产品的简约功能的设计，带来了更多的实用性，可以帮助人们更轻松方便地使用产品。

具备简约功能的产品在视觉上会给人带来干净、利落的感觉;在色彩上往往会偏向素色;在材质上更回归自然本真;造型简洁且不注重装饰。简约功能的产品迎合了消费者在繁忙日常中想要简化步骤、缩短时间的需求,增强了消费者的使用体验。

简约并不等同于简单,为了减少烦琐的过程,产品简约功能的设计需要更简明的思路、精密的推演,以及更昂贵的时间成本和人力成本。简约功能的设计不是简单地把多余的东西扔掉,而是在丢弃多余的外在因素的同时,提升和丰富产品更多的内在功能。当下流行的简约风产品之所以受消费者青睐的几个因素:①造型线条极为简洁,易搭配;②重功能轻形式,更多地关注产品的实用性;③色彩淡雅富有温馨感,迎合大众心理;④除繁从简,价格实惠,质感适宜。[9]

简约设计在服装、家居等产品中多见。宜家的家具、无印良品的服装、淘宝心选的日用品,它们的设计是非常典型的简约型风格且具有各自不同的风格。

(1)典型案例:Leano 躺椅

一张躺椅有多重,你真的知道吗? 人们对于躺椅的印象还停留在厚重的金属支架,折叠起来有半个人高的笨重物品,Nik Lorbeg 设计师设计的 Leano 躺椅,轻便到可以让你随身携带,三根小木棍构成木制框架,外加一张手工布料,Leano 折叠起来仅 49 厘米,总质量加起来比一个 iPad Air 还要轻。如此简约的设计方便人们将它插在包里,累了就拿出来随地一铺,支起小支架,就有了一个干净的座位,一个舒适的靠背,一张可爱的小躺椅瞬间诞生。可以带着 Leano 与爱人一起躺在静谧的河岸边,与朋友一起出门踏青享受春光。Leano 不但简洁轻便,而且还方便安装,外形简朴大方,任何人哪怕是一个小孩子,都可以将它轻松安装起来。躺在上面,可以放松全身,不必有任何顾虑,因为 Leano 虽然轻便易安装但却十分牢固。见图 4-22。

(2)典型案例:极简设计风格挂钟

早上醒来,睡眼蒙眬,对于一样事物可能要很久才能反应过来,更别说是看时间了,一不小心多看一个小时或者少看一个小时就是比较头疼的事情。意大利工业设计师 Sabrina Fossi 根据这个现象设计了 Freakishclock ,Freakishclock 是一款极简设计风格的创意挂钟。Sabrina Fossi 将表盘完全设计成纯色,只抠掉一块三角形的区域,通过这个孔我们可以清晰地看到小时,而分针还是保留了传统的分针的方式。别出心裁的组合和创意令人耳目

图 4-22　Leano 躺椅

（图片来源：http://www.duoxinqi.com/view/23972.html）

一新，整个挂钟充满了极简的设计感。[10]见图 4-23。

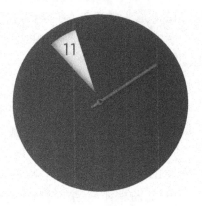

图 4-23　极简设计风格挂钟

（图片来源：http://news.hexun.com/2013-08-20/157254375.html）

（3）典型案例：靠墙长椅

长椅在大众的印象中都具有四个腿的造型，波兰设计师 Izabela 认为四个腿的长椅过于复杂，故对长椅造型进行改革，他设计了靠墙长椅（Leaning Bench）。Leaning Bench 只有两条腿，倚墙而立，靠背与椅脚在同一线条上，外形结构极其简单优雅，椅脚斜切面上有防滑橡胶，足以稳定的支撑两个成年人就坐，哪怕是有人在长椅上跳芭蕾舞，椅子都可以保持稳定。Izabela 对简约的运用可谓是达到了极致！见图 4-24。

图 4-24　靠墙长椅

（图片来源：http://roll.sohu.com/20160524/n451169537.shtml）

（4）典型案例：极简主义衣柜

这款衣柜化繁为简，将传统的立体式衣柜转化成了时尚的平面衣柜。在保有衣柜本身的基本功能的同时有效地减少了占地面积。厚重的衣柜门被开放式设计所取代，拿取更加便利。是极简主义和简约优雅的渗透。见图4-25。

图 4-25　极简主义衣柜

（图片来源：http://blog.sina.com.cn/s/blog_9e7772d60102wnx6.html）

（5）典型案例：极简主义扑克牌

这一产品来自设计师 Joe Doucet 的创意，在这套极简风扑克牌（Minimalist IOTA Playing Cards）的牌面上，你不会看到任何多余的元素，只剩下最纯粹的关键信息——牌的大小，以及花色。见图4-26。

图 4-26　极简主义扑克牌

（图片来源：http://www.sohu.com/a/231269815_100080752)

（6）典型案例：平板夜读灯

在平时生活中，热爱阅读的人在熄灯后挑灯夜读并不是什么稀罕事，但是市面上一般的台灯太大，虽然能调节光照强度，但是不方便在床上使用。小手电筒亮度无法调节，且阅读时需要腾出一只手来拿着，并不方便。

平板夜读灯（国外也称作 Lightwedge）是一种创新设计的阅读光源，只照亮你所要阅读的页面，而不会让光线直射眼睛或者影响他人。

产品运用简约和颠覆的创意方法，灵感来自于《哈利·波特》电影中那本会在黑暗中发光的书。平板发光的特点能够刚好均匀地照亮整页书，贴放在书上，看书照明两不误。灯的亮度可以通过旋钮自己调节，根据周围的环境来调节最舒服的亮度，既保护眼睛又不影响他人。见图 4-27。

图 4-27　平板夜读灯

（图片来源：https://www.1688.com/huo/BFB4CAE9B5C4C6BDB0E5B5C6.html)

（7）典型案例：七天酒店客房的极简设计

七天酒店是一个经济型连锁酒店。它的房间设计非常有特色，极简到了极致。房间里没有衣柜，只在墙上挂了几个衣架，桌子只是一块板……见图4-28。

图 4-28　七天酒店客房

（图片来源：https://www.meituan.com/jiudian/2444317/）

（8）小结

随着社会日新月异的发展，简约已经不再是简单的产品设计理念，它逐渐转化成一种风潮，一种时尚，成为消费者竞相购买的热点。简约的产品充满着看似空旷却又蕴含意境的设计美学。

6. 专业化

按照现代广泛运用的利伯曼"专业化"标准的定义解释，所谓"专业"，就应当满足以下基本条件：一是范围明确，垄断地从事于社会不可缺少的工作；二是运用高度的理智性技术；三是需要长期的专业教育；四是从事者个人、集体均具有广泛自律性；五是在专业自律性范围内，直接负有作出判断、采取行为的责任；六是非营利性，以服务为动机；七是拥有应用方式具体化了的理论纲领。[11]

而在产品设计中，专业化指重点考虑产品所具有的主要目的和效用。专业性是现代设计的首要原则。在这里，专业包含若干层面：就产品而言，是指其功用、效能、目的、用途等；在人的工作和活动的层面上，是指目的、任务、作业和操作。

因此，专业化的产品并非面向广大群众，它针对的是更为细分的小众人群市场，从而实现人们对某些产品高质量、高体验度的需求。

在工业品中,专业化设计较常见,如消防车、运钞车都是专业车辆。在民用品中,也有一些针对细分市场的专业设计,比如球鞋可以分为篮球鞋、网球鞋、足球鞋等。

(1)典型案例:运动耳机

很多人喜欢戴着耳机运动,音乐的节奏能够让运动变得更有动感,在音乐中放飞心灵,在运动中抛却烦恼,这是一件很享受的事情。然而普通的耳机不适合在运动中使用,这是因为普通的耳机固定性不太好,容易从耳朵上滑落,打乱运动的节奏,反而失去了原来戴耳机的意义。专业的运动耳机佩戴更加牢固,能够在人们进行剧烈运动时仍保持固定。同时,剧烈运动产生的汗水往往会弄脏耳机,甚至还会损坏耳机,造成短路,所以专业的运动耳机对防水功能要求更高。除此之外,专业的耳机还需要满足续航能力强,能够支撑人们长时间运动的需求。综上所述,运动耳机具有更强的牢固性,更高的防水性能,更强大的续航能力,更加适合运动时使用,运动耳机相对于普通耳机具有很强的专业性。见图 4-29。

图 4-29　运动耳机

(图片来源:http://bbs.zol.com.cn/group/d45_1532.html)

(2)典型案例:遮阳伞

夏天时,人们对太阳直射十分憎恶,据研究,只有短波紫外线会被臭氧层吸收,中波、长波紫外线都会对人体造成伤害,中波紫外线会晒伤皮肤,造成红斑、炎症等,长波紫外线会晒黑皮肤,导致松弛、皱纹、皮肤癌等。为了保护皮肤健康,绝大多数人都有遮阳的需求,一是为了隔离紫外线,保护皮肤,二是在伞下能稍感凉快,减少中暑的可能性。衡量伞遮阳性能的一个重要指标是

UPF(紫外线防护系数值),普通的伞主要是为了遮风挡雨所设计,因此它不能有效隔离紫外线,遮阳性能一般。而遮阳伞能隔离 98%的紫外线,这是因为遮阳伞相对于普通伞在设计制造上有所不同,普遍采用 PG 布料,利用 UV 过滤法隔离紫外线,并且伞面会涂上胶,利用涂层加强有效遮光。这些设计使遮阳伞能更好地帮助我们隔离紫外线。遮阳伞在遮阳上比普通的雨伞更具专业性。见图 4-30。

图 4-30　遮阳伞

(图片来源:http://www.lukou.com/userfeed/10368074)

(3)典型案例:2B 铅笔

2B 是考试专用铅笔型号,高考、中考及各种大型考试都需使用 2B 铅笔来填涂答题卡,"电脑读卡设备"就是利用炭对红外线的电敏感性,来判断答题卡上的答案是否填写正确。B 代表 Black,2 是程度,数字越大就越黑。2B 以上的铅笔石墨含量多,容易随纸张黏附到其他答题卡上面,这样会使其他答题卡上到处染上炭(石墨),造成读卡器读取错误。2B 以下的铅笔又由于石墨含量不够造成读卡器无法读取,只有 2B 铅笔是最适合涂写答题卡的。另外,2B 铅笔是软性铅笔,相对于一般的铅笔来讲,在涂抹一定面积的时候容易涂均匀,不容易断芯,而且有金属光泽。综上所述,2B 铅笔在考试涂卡方面相对其他铅笔更具专业性。

(4)典型案例:盲文手机 Textura

智能手机不断升级,手机屏幕一扩再扩,在设计上这是符合大众消费需求的,但对于视障者这一特殊群体却存在着不公平。视障者看不见屏幕,无法用手指来操控手机,光靠 Siri 语音识别器下达指令似乎不太现实。设计师 Isa Velarde 专门为视障者设计了盲文手机 Textura,Textura 有巨大的编织"屏幕"和轻薄的外形,屏幕一片灰色,所有信息都通过这个屏幕以盲文的形式展现出来,视障者可以通过双手触摸屏幕来"阅读"盲文。盲文电话就是专门为了视障者而设计的,具有很强的专业性。见图 4-31。

图 4-31　盲文手机 Textura

(图片来源:http://www.ixiqi.com/archives/102873)

(5)典型案例:"果汁"水杯 The Right Cup

相比较淡而无味的白开水,人们总是更偏好喝果汁饮料。但果汁饮料中含有很多糖分及添加剂,特别是碳酸饮料更对身体具有种种危害,糖尿病人就更需谨慎了。The Right Cup 就是专门为不爱喝白开水或者有饮料依赖的人群设计的一款杯子,它在材质中添加了食品级香精,杯沿采用甜味技术,消费者通过鼻子闻到的水果气味和舌尖尝到的甜味,会产生一种自己在喝果汁的错觉,让白水"秒变"果汁,使不爱喝白开水的人爱上喝水。"白水秒变果汁"的功能就体现了 The Right Cup 的专业化! 见图 4-32。

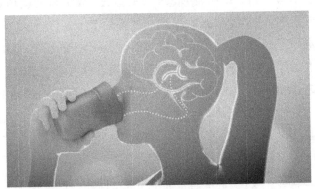

图 4-32　"果汁"水杯 The Right Cup

(图片来源:http://cy899.com/chuangyijiaju/chuangyibeizi/5915.html)

（6）小结

从营销学来看,产品专业化是面向利基(狭缝)市场。走专业化道路的目的是突出产品的特色和优势,避免同质化竞争,以在市场上取得相对优势。

二、产品功能的分解、组合

产品功能不仅可以增加、减少,还可以分解和组合。通过对产品功能的分解组合,可以设计出许多新的产品。

1. 分解

与传统相比,互联网时代的到来,三屏时代方便了人们最大化利用碎片时间。而对于碎片化时间运用的不断追求,使得人们愈发希望产品更加简单,更加便于使用,而实现产品简单最有效的手段,莫过于产品功能的单一。

将产品中的一个或者部分功能分解出来使之成为一个新产品。专业术语来讲,所谓功能分解就是将产品的各项功能进行分离。设计单一功能可以聚焦于用户最重要的需求,更容易被用户标签化,它就是那个能最直接解决特定问题的东西。提供单一功能也更能直接触及消费者痛点。

但是,设计单一功能的产品必须把这一功能做到极致,远远超过其他产品,才能给用户留下深刻的影响,获得不可替代的市场地位。

（1）典型案例:kindle 阅读器

亚马逊推出的电子阅读器 kindle 是专门为阅读而设计的,可以认为是从平板电脑中剥离了其他功能,只留下阅读这个单一功能。

为什么只拥有阅读功能的 kindle 阅读器会受到消费者的偏爱呢? kindle 采用墨水屏模拟纸质书,不伤害眼睛,只有一个阅读功能的 kindle 使消费者能够专心地看完一本书。另外,由于看完一本书往往需要好几个小时,普通的电子产品充满电也未必能支撑用户看完一本书,但是 kindle 充一次电至少可以用一个多星期。另外,kindle 拥有数以千计的免费电子图书和杂志,在无形中也吸引了读书爱好者[12]。见图 4-33。

（2）典型案例:煮蛋器

一个电饭煲,可以煮饭,也可以煲粥,当然也可以煮蛋。如果将它煮蛋的功能单独分离出来,设计成一个煮蛋器会如何?

提倡健康生活的家庭一般在早餐的餐桌上都会出现鸡蛋,鸡蛋可以保护视力,有益于大脑发育和记忆力提高,同时也是蛋白质的绝佳来源。但是煮蛋

图 4-33　kindle 阅读器

（图片来源：http://app. myzaker. com/news/article. php？pk＝5d40521e8e9f09517c6c0590）

并不是一件容易的事情，需要控制时间并调节火候，煮得久了鸡蛋黄中的亚铁离子会与蛋白中的硫离子合成难以溶解的硫化亚铁，人体难以吸收，有时候鸡蛋壳还会被煮破，影响口感。

于是，人们就设计了专用的煮蛋器。它只能用来煮蛋，当烹饪结束时会停止加温，并发出蜂鸣声提醒用户。高档的还设置有"老""中等""嫩"三个选项。见图 4-34。

图 4-34　煮蛋器

（图片来源：https://b2b. hc360. com/supplyself/222450486. html）

（3）典型案例：儿童防丢手表

儿童手表是从智能手机中，将通话和 GPS 定位这两个功能分离出来，单独设计的一个产品。它可以随时和家长的手机通话,家长通过 GPS 定位系统也能随时了解小孩所处的位置。见图 4-35。

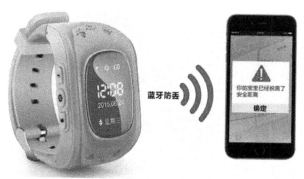

图 4-35　儿童防丢手表

（图片来源：https://www.meituan.com/meishi/d31464946.html）

（4）小结

分解功能,简而言之,是将产品中的一个或者部分功能分解出来成为一个新产品。可以进行功能分解的产品主要是高科技产品,或者结构较为复杂的产品,它们一方面可以带来便利,一方面也可以带来细分领域的精耕细作,其主要应用场景一般也为日常生活中。

2. 组合

组合,在汉语中,是指由几个不同的功能或个体结合成的整体。而在产品的创意创新中,组合与多功能有一定的类似之处,即与以往的单个产品单个功能不同,组合产品往往是多个功能的叠加。

具备组合功能的产品,一方面可以满足人们在同一时间段的多种需求,另一方面,又可以避免人们重复购买产品,带给人们便利,可以有效地提高生产劳动的效率。

瑞士军刀是生活中最常见的组合功能产品之一。见图 4-36。

（1）典型案例：Instrument 1 多合一电子乐器

它是一款多合一电子乐器,看起来就像一把有着科技感的搓衣板,头部和底部都有扬声器,身体是琴桥、音量旋钮以及乐器设置装置。内置加速器、压力传感器以及充电电池。它整合了吉他、贝斯、钢琴、小提琴、电子鼓等多种乐器,你可以弹奏、拨弦、拉弓、敲击等。连接上手机、平板、电脑还可自由选择乐种和音色。它提供了不少自动化模式,以便让那些不懂得乐器弹奏的用户也

图 4-36　瑞士军刀

（图片来源：http://item.zhigou.com/dangdang/pic7508291.html? id=52338755）

能弹出优美的曲调。[13]见图 4-37。

图 4-37　Instrument 1 多合一电子乐器

（图片来源：http://m.sohu.com/a/5650574_115640）

（2）典型案例：补水喷雾充电宝

　　Martube 设计的纳米补水喷雾充电宝。首先，它是一个 5200 毫安的移动电源，可以给手机等数码产品充电。其次，它还是一个皮肤加湿器，可以检测皮肤的缺水程度，操作开关，即可持续喷雾 60 秒，15 毫升水量可使用 40 次，让你随时随地补水。[14]见图 4-38。

图 4-38　补水喷雾充电宝

（图片来源：https://detail.1688.com/pic/591447085553.html? spm＝a261y. 7663282.1998411378.1.32f14c32E6rijD)

（3）典型案例：多功能眉笔

有个成语叫眉清目秀，证明眉毛对一个人的颜值影响很大，现代女性多爱画眉，用眉笔勾画眉毛，可以令容貌更加出色。有过化妆经验的人都知道，用眉笔画完眉后，最好用眉刷梳理眉毛，这样可以晕染眉毛使其更自然，并且梳理后的眉毛看起来更有光泽度。眉刷和眉笔基本上是形影不离，用完眉笔后接着就需要用到眉刷，故现在很多眉笔的另一端都会设置一个眉刷。眉笔主要由石蜡、蜂蜡、炭黑颜料等制成蜡块并在压条机内压注成笔芯，眉刷主要由动物毛或者合成毛构成，两者互不影响且都需要安置在杆子上才能使用。一端是眉笔，一端是眉刷，既方便使用、便于携带，又为人们节约了购物费用，所以这个产品的组合功能非常有意义。见图 4-39。

（4）典型案例：拖地拖鞋

我们每天都要将家里的地来回踩好几遍，走路不费劲，但是如果要求我们扫地拖地，就是一件比较枯燥无聊的事情了。那怎样把一件无聊的事变得有趣呢？拖鞋的作用在于保护我们的脚，使脚与地板隔离开来，对鞋底的要求只要能防滑就可以了，至于是什么花纹并不重要；拖把的主要功能在于底下的拖把头能够起到清洁作用，至于拖把杆只不过是为了人们更轻松地使用而设计的。设计师把拖鞋与拖把组合在一起，既具有拖鞋的功能，又兼有拖把的功能。拖地拖鞋利用我们每天都会无意识地走过家里的角角落落，不经意间就在为家里打扫卫生，为我们省去拖地的烦恼，其产品功能的组合十分完美！见图 4-40。

图 4-39　多功能眉笔

（图片来源：http://try. sodao. com/free/product/detail/833791？rdtp＝46543）

图 4-40　拖地拖鞋

（图片来源：http://www. bi-xenon. cn/article/item/521782773858. html）

（5）典型案例：紫外线消毒毛巾架

毛巾一天 24 小时起码要浸湿两次，并且经常见不到太阳，只能挂在阴暗的角落里，容易滋生细菌。又有多少人会定期给毛巾消毒呢？用一条满是细菌的毛巾洗脸，不仅起不到清洁作用，恐怕还会对皮肤造成伤害。人们或许会有意识晾晒毛巾或者用消毒机消毒，但是时间久了后，往往会嫌麻烦。设计师针对这一现象设计了 UV Bar 毛巾架,这款毛巾架除了基本的晾挂功能外,还增加了紫外线消毒功能,值得一提的是,UV Bar 是可拆卸的,这意味着你可以用 UV Bar 给卫生间的每个角落进行消毒。晾挂功能与紫外线消毒功能的组合,不但便利了毛巾的使用、清洗,还使我们用得更放心! 见图 4-41。

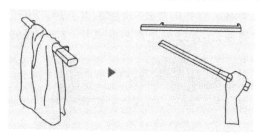

图 4-41　紫外线消毒毛巾架

(图片来源:http://www.idnovo.com.cn/article/show.php? itemid-83087.html)

(6)小结

随着时代的发展,人们的收入也在不断地提高,消费者需求的天花板被不断突破。因此,产品创意创新在不断面临着新的要求。市场之争的关键在于谁更能满足顾客多种层次的需求,谁就能获得顾客的青睐。

组合产品已经跨越了单一产品的范畴,立足于人们在同一时间内想要满足多种需求的痛点,既给人们带来了使用上的便利,活动效率的提高,又避免了单一功能产品的重复购买,省时又省力。我们不难发现,越来越多的具备多种功能的产品出现在了我们的生活中,小到瑞士军刀,大到冰箱洗衣机,组合功能产品已经成为大势所趋。

总的来说,当个性化需求高度分化,大数据技术又足够强大到可以分析每个消费者的需求时,新的产品形态将更多地以产品组合的形式存在。综合性的产品越来越少,个性化产品功能的模块越来越多,消费者通过产品组合的方式构建无限逼近自己的内心需求。

3. 模块化

在产品创意创新中,产品模块化设计就是将产品分成几个部分,也就是若干模块,每一模块都具有独立功能,又预留模块间相互连接的接口。相同种类的模块在产品族中可以重用和互换,相关模块的排列组合就可以形成最终的产品。通过模块的组合配置,就可以创建不同需求的产品,满足客户的定制需求;同类模块的重用,可以使整个产品生命周期中的采购、物流、制造和服务资源简化。模块化产品是实现大批量高效率生产的一种有效方法。产品模块化也是支持用户自行设计产品(DIY)的一种有效方法。[15]

模块化的设计思想自古就有,人们在进行设计中经常会不经意用到模块化设计的思维。模块化设计在现代社会提供分析解决复杂问题的方案,在现代化的工业大生产中具有重要的作用,不但能有效降低生产过程中的成本,最大限度地利用现有资源,还可以优化产品的结构,实现产品从单一功能模式向功能多样性进行拓展。[16]

生活的多样化需求也是厂商采用模块化设计的一个原因。比如,人们在住所对功能空间的要求越来越多,不同的功能空间对于家具的要求就不同,为了避免重复购买家具造成不必要的浪费,模块化设计是一个很现实的选择,现已然成了一种流行。

(1)典型案例:乐高玩具

乐高玩具被称为世纪玩具,下至 1 个月大的孩子上至成人,都可以玩乐高,甚至有些人把乐高当成了职业。那么乐高为什么会有那么大的魅力呢?乐高的魅力在于可以无限制地发挥想象自由组合,六种不同的乐高积木就可以搭出一亿多种组合,人们可以用乐高拼出各种各样的东西,足球、冰淇淋、便当、人物肖像等,你永远也不会知道这几块平平淡淡的乐高玩具最后拼出了什么令人惊喜的东西。它锻炼了孩子的想象力和动手能力,也满足了成年人的DIY 欲望。见图 4-42。

图 4-42　乐高玩具

(图片来源:https://item.m.jd.com/product/1442187403.html)

（2）典型案例：装饰架

空荡荡的墙壁未免令人不喜，许多人会在墙上钉几个装饰架，既可以起到装饰作用，又可以放一些小物品，不但节省了空间也令家里看起来更加干净。装饰架有很多种类型，可以根据墙壁面积及室主爱好进行拼接，拼成主人喜欢的形状。每一个单独的装饰架都具有摆放物品及修饰的作用，拼接起来后更为美观和实用。见图4-43。

图4-43　装饰架

（图片来源：https://item.jd.com/53843264372.html）

（3）典型案例：组合沙发

组合沙发等拼接式家俱针对居住环境的可持续性发展，以工业化生产为前提，将居住空间中的固定界面及可移动的产品布置进行综合设计和系统加工，以达到节约成本、资源合理利用的目的，并为消费者创造最佳的家居性价比[16]。见图4-44。

图4-44　组合沙发

（图片来源：https://www.toodaylab.com/30673）

（4）小结

模块化产品成功的必要条件有两个：标准化和通用化。只有实现了标准化，才能在生产商形成规模效应；只有实现了通用化，才能被消费者普遍接受。

三、产品功能的跨领域应用

产品功能的跨领域应用，是将指一项产品或者功能，运用于另一个跨度较大的领域。以下从嫁接、跨界和副产品利用三个方面进行分析。

1. 嫁接

我们不妨问一个问题，为什么产品需要不断的创意创新？或者，更简单来说，为什么需要新产品的不断出现？追根究底，在于人的新需求不断地出现。欲望是无穷的，一个人只要有欲望，就会有新的需求不断出现，并且没有限度。而产品的最终目的是满足消费者需求。因此，随着人们物质生活的不断提高，产品需求的不断提升，激励着更多产品创意创新出现。

嫁接一词，原意为一种人工培育植物的方式，把要繁殖的植物的枝或芽接到另一种植物主体上，使它们结合在一起，成为一个融合的植株。在生物学上，嫁接能保持一种植物原有的某些特性，并利用另一种植物的其他特点，取长补短，是常用的改良品种方法。

而在产品创意创新中，功能的嫁接是指引入另一个产品的功能与原产品结合，形成一个融合的新产品。

比如，智能手机就是将电脑的功能嫁接在移动通信工具上，电动车就是将电动机嫁接在自行车上。以下还有更多的案例。

（1）典型案例：带称重功能的砧板

嫁接在生活产品中的运用十分常见，被赋予了新功能的产品往往能带给人们许多便利。譬如，带称重功能的多功能切菜板。设计者将衡量重量的功能嫁接到了砧板之上，使得砧板不仅具备切菜的功能，还具备了称重的功能，使得一个产品拥有多种功能，提高了效率的同时，也完善了消费者的客户体验。见图4-45。

（2）典型案例：无线供电磁悬浮灯泡Flyte

利用磁悬浮技术和无线充电技术，Simon Morris设计了这款Flyte电灯，由底座和LED灯泡组成，把灯泡垂直放到底座上方，便会悬浮自动亮起，还会一直不停地旋转，触摸下底座就能关闭。也可以直接把手机放到底座上去进行无线充电。

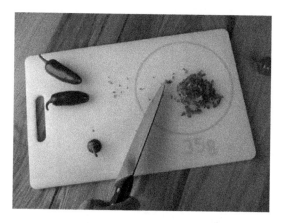

图 4-45 带称重功能的砧板

（图片来源：https://www.duitang.com/blog/? id＝495548807）

同样是灯，这款产品经过巧妙的设计后变得富有趣味，我们可以将它的创意看成一种技术嫁接。此外，它还将几个不同的功能组合到一起，它不仅能照明，还可以给手机充电。无线式的充电方式给用户一种有别于传统方式的新鲜体验。见图 4-46。

图 4-46 无线供电磁悬浮灯泡 Flyte

（图片来源：http://www.fsdpp.cn/jiaju/14304904455540.html）

（3）典型案例：可随意卷起的 Recto-Verso 系列灯具

由 Bina Baitel 打造的可随意卷起的 Recto-Verso 系列灯具，采用"嫁接"方式，将 OLED 技术与纳米技术结合在一起，发光薄片与皮革保护套结合在一起，使人们可以随心翻折"灯光"，解决了人们对灯光的角度和亮度的一些需求，可以营造出不同的灯光氛围，简洁的造型与多种不同的产品设计使其能适应多个不同的场合。见图 4-47。

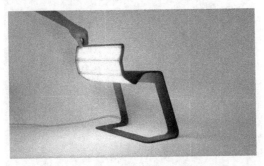

图 4-47　可随意卷起的 recto-verso 系列灯具

（图片来源：http://www.cdsns.com/art/16442）

（4）新产品创意：耳环耳机

可以考虑将蓝牙耳机的功能嫁接到耳环上，既美观，又不用特意携带，非常方便。

（5）小结

嫁接可以赋予原有的产品一种全新的功能，可以带来强大的生命力，在产品竞争中取得优势。嫁接往往能够创造一种全新的产品，彻底改变原有的市场格局。

2. 跨界

跨界（Transboundary）在传统解释中，意为"从某一属性的事物，进入另一属性的运作。主体不变，事物属性归类变化。进入互联网经济时代，跨界更加明显、广泛。特别在跨界营销方面，各个独立的行业主体不断融合、渗透，也创造出很多新型、势头强劲的经济元素"。[17]

而在产品创新创意设计中，跨界的本质是整合、融合。通过自身资源的某一特性与其他表面上不相干的资源进行随机的搭配应用。可放大相互资源的价值，甚至可以融合成一个新的独立个体面世。[17]

产品或者品牌的跨界，从某一领域涉足另一毫不相关的领域，比如可口可乐从食品界到彩妆界的跨界，旺仔从饮料行业到服装行业的跨界，带来的不但是创新，更是源源不断的商机。

（1）典型案例：保鲜膜用于油烟机面板隔油

人们对保鲜膜的固有印象一般都是保鲜食物，保鲜膜的主要作用就是隔离空气防止食物氧化,有效防止冰箱中的各种菜肴串味,起到密封的作用。中午做多了的菜可以用保鲜膜封上放在冰箱里等到晚上再吃,水果买多了短时间吃不完也可以用保鲜膜封上,在常温下也可以储存一个礼拜以上。但其实保鲜膜还可以用在油烟机上,为油烟机"保鲜"。厨房的油烟机每日经受烟熏火燎,平时里看不出多大问题,但一到过年大扫除便苦不堪言,因为油烟机上的油污特别难清洗。可以用保鲜膜沾点水粘在油烟机上,隔离油烟机与油气的直接接触,大扫除时只需将保鲜膜揭下换成新的,既省时省力又省。保鲜膜用在油污烟机上防油污就是产品的跨界使用。见图 4-48。

图 4-48 保鲜膜用于油烟机面板隔油

(2)典型案例:德芙主题酒店

2018 年 9 月 26 日德芙酒店快闪店亮相上海思南公馆。作为一个巧克力主题酒店,德芙酒店沿用了自己经典的墨绿与砖红色,还有一些咖啡豆装饰的装饰设计,以及由金棕色布堆叠成的闪着光斑的巧克力海洋。卧室以纯白色调为主,有白色的床单、气球和印着"Dove"字样的枕头……[18]

德芙主题酒店实际上是德芙品牌的一次跨界宣传活动。见图 4-49。

(3)典型案例:可口可乐彩妆

可口可乐联合菲诗小铺开发了一系列新的彩妆产品。无论是口红还是眼影盘都透露了一股浓浓的可乐味。所以喜欢彩妆的朋友有没有 GET 到这个可乐味的妆呢?

可口可乐彩妆和故宫彩妆一样,都是对自身品牌的延伸应用。见图4-50。

图 4-49　德芙主题酒店

（图片来源：http://www.parcmall.com/news_view.aspx? TypeId=5&Id=543&Fid=t2;5;2）

图 4-50　可口可乐彩妆

（图片来源：http://www.sohu.com/a/226598448_579002）

（5）典型案例：肯德基可食用咖啡杯 Scoff-ee Cup

Scoff-ee Cup 整个杯子都是用饼干造成，杯子里面涂有一层白色朱古力和糖衣。倒进热咖啡后，咖啡热力会将糖衣和白巧克力融化，杯子也会变得松软，喝完咖啡后可将杯子直接吃掉。将食品的功能嫁接到日用品上来，让杯子同时具有饼干的功能，既环保又不浪费。见图 4-51。

（6）小结

先是大白兔奶糖凭唇膏走红，后有老干妈借卫衣登上热搜，新晋旺旺更是"不甘落后"地推出了秋季潮服系列。这些企业为什么突然扎堆跨界？这其实是一种品牌营销的手段。既是品牌的延伸，又是品牌的事件营销。

图 4-51　肯德基可食用咖啡杯 Scoff-ee Cup

（图片来源：http://www.apoints.com/idea/cyxs/201505/109601.html）

3. 副产品利用

副产品是企业在生产主要产品的同时，从同一种原材料中，通过同一生产过程附带生产或利用生产中的废料进一步加工而生产出来的非主要产品。对副产品剩余价值的实现就是副产品利用。一方面，副产品的利用符合了绿色设计的理念，变废为宝，降低了资源的浪费率；另一方面，副产品的利用可以较好地降低成本，满足企业对于经济效益的追求。

副产品利用的范围非常广泛，特别是在农副产品方面充满着人类的智慧。

鱼鳞、鱼头、鱼骨、鱼内脏，这些水产品的废弃物在不少人看来既不能食，则弃之。但在日本，某一加工厂利用生产罐头时废弃的鱼头等水产品的废弃物，将其洗净捣碎成糜浆，经过过滤、灭菌后得到原液，与马铃薯淀粉、鸡肉、面包粉、香辛料等混合加温，加工成海鲜调味品，不仅味浓，而且营养丰富。[19]

另据媒体报道，我国科学家经过研发，使得原本无用的鱼鳞可以生产出胶原蛋白、明胶、动物饲料等高附加值产品，这样 1 吨鱼鳞就可带来近 2.5 万元的效益。胶原蛋白可用作化妆品原料，明胶可用作工业添加剂，即使是边角料磷酸氢钙和杂蛋白，也可以当作饲料，真正可做到物尽其用。[19]

工业副产品利用也很广泛。如生铁和粗钢生产所产生的主要固体副产品就是炉渣（质量占比达 90%）、粉尘和污泥等。通常而言，电炉（EAF）工艺路线中，每吨粗钢会产生约 200kg 副产品；高炉——转炉（BF-BOF）工艺中，每吨粗钢会产生约 400kg 副产品。除了固体副产品以外，来源于焦炉、高炉或转炉的废气也是钢铁生产的重要副产品。[20]

钢铁工业副产品常见用途包括:高炉渣用于替代水泥熟料;炼钢渣用于道路建设、土壤改良的骨料;工艺废气用于发热和发电;粉尘和污泥用于提取含铁氧化物和合金成分;来自炼焦工序的石化副产物,如焦油、氨、苯酚、硫酸和萘等可用于化学工业;来自轧机和废油的乳液可用作高炉还原剂或者用于焦炉。[20]

将工业副产品替代同等功效产品,可以提高资源效率,同时助推循环经济发展。

(1)典型案例:羽毛球

羽毛球爱好者都知道,羽毛的质量大大影响着羽毛球的质量,高档的羽毛球一般都选用鹅毛所制,一只鹅里只有五根鹅毛符合标准,次一点的羽毛球会采用鸭毛。鹅毛、鸭毛就是一种副产品利用。养殖场养殖鹅、鸭主要是为了食用,但是每宰杀一只家禽,势必会有许多废弃的羽毛,这些羽毛就可以用来制作羽毛球。鹅毛、鸭毛作为副产品给养殖者额外增加了许多收入。见图 4-52。

图 4-52　羽毛球

(图片来源:https://www.sohu.com/a/140519890_498125#i=0&pn=30&sn=0&id=52cd16c7a7c12af8b2e1388a1e7241db)

(2)典型案例:根雕工艺品

一棵大树被砍伐制作实木家具后,它的根往往是无用的,因为根部不能做成家具。留下来的根,有些会慢慢腐烂,有些会长出新芽。但不管怎么样,它的根部部分,看上去对人类来讲用处已经不大了,但是根部其实还可以做成根雕摆件。根雕是一种独特的工艺品,俗话说"三分人工,七分天成",手工匠人会根据树根原本的形态加以想象进行创作,做成根雕茶几或者根雕摆件。每一件根雕都是独一无二的,蕴含着匠人丰富的想象与大自然的奇趣。将根雕摆放在办公室或者家里,彰显了主人独特的品位。见图 4-53。

图 4-53　根雕工艺品

（图片来源：http://shop. 99114. com/41021771/pd74326365. html）

（3）典型案例：宠物木屑

养过小仓鼠或者其他小型动物的人都知道，笼子下面要垫厚厚一层木屑，用来除臭、吸湿以及给宠物保暖。这些宠物木屑大多都是从木材加工厂买来再进行消毒等工序加工成适用宠物的木屑。木材加工厂每天都会制造出不少木屑废料，这些木屑占地面积大，累积到一定程度还会影响木材加工的正常工作。木屑对于木材加工厂来说是无用的，但是对于宠物们来说就非常有用了。宠物木屑就是一种副产品利用，不但节约了成本还增加了对木材的利用率。见图 4-54。

图 4-54　宠物木屑

（图片来源：http://www. t-biao. com/bpdoieoz/isssmihshzoh/）

(4)典型案例：咖啡渣的利用

不少咖啡爱好者都会喜欢自己现磨咖啡，根据咖啡机的种类研磨豆子，自己冲泡出一杯香醇的咖啡。享用完咖啡后，不少人会将咖啡渣直接扔掉。其实咖啡渣有许多妙用。星巴克是现磨咖啡大户，在咖啡界名气出众，可想而知，每一家星巴克门户积累了多少咖啡渣。星巴克还开展过送咖啡渣活动，消费者只需和店员说一声，店员就会将咖啡渣包好给你。咖啡渣可以拿回家放在冰箱里除味，给宠物洗澡祛除虱子，放在花盆里当作肥料使植物长得更为苗壮，市面上还出现过一款以咖啡渣为原材料的 Polo 衫。可以说是将咖啡豆的副产品利用得非常彻底了。见图 4-55。

图 4-55　咖啡渣的利用

（图片来源：https://m.jianke.com/news/1975167.html）

(5)典型案例：ecoBirdy

处理报废的塑料儿童玩具正逐渐成为棘手的难题。比利时安特卫普的设计师在巴黎家居装饰博览会推出了全新品牌 ecoBirdy，该品牌产品全部采用100％回收的废旧塑料制作而成。制作流程包括对旧玩具或没用处的废弃玩具进行收集、分类、清洗与研磨，此后将研磨出的碎屑按颜色分类，并转化成斑点外观的独立产品。这款产品不仅触感极佳，还非常易于清洁，质量轻又稳固，可以保证儿童的使用安全。[21]见图 4-56。

(6)新产品创意：秸秆包装盒

问题来源：生活中的白色污染特别严重，我们每次购买物品的时候一般都会用到包装盒、袋。但是，当我们回家时，这些包装物就成了鸡肋，占地方；一旦丢弃，因为难以降解还会对环境造成污染。

图 4-56 ecoBirdy

（图片来源：https://www.ysslc.com/shangye/keji/1286631.html）

产品设计：鞋盒等各种盒子可以用农产品的废弃物作为原料，例如秸秆之类的，盒子可降解，从而保护了环境。见图 4-57。

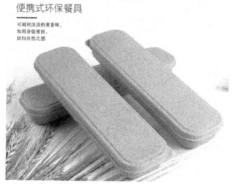

图 4-57 秸秆包装盒

（图片来源：http://www.t-biao.com/bpz/isfuzzosioef/）

（7）小结

简单来说，副产品利用就是变废为宝，将企业在生产过程中消耗的资源最小化，既满足经济要求，又符合绿色理念。资源的循环利用不仅仅是为了节约，更是为了创造更加美好的生活方式。

4.功能替代

功能替代(Functional Substitute),是指用一种不同的功能或者产品代替原产品的功能,来满足用户的需要。

(1)典型案例:电子烟

吸烟有害健康,吸烟者比不吸烟者更容易患上肺部、心血管等疾病,增加流产危险,影响生育功能。但是,吸烟有这么多危害,难道吸烟者不知道吗?国外的香烟盒上甚至印着各种脏心烂肺、血肉模糊的照片,大力宣传吸烟的危害,但是国外难道就没有人吸烟吗? 不! 吸烟者往往知道吸烟的危害性,但是吸烟会使人精神振奋,长期吸烟者一旦停吸就会产生不适,相比较长时间后才会展露出来的危害,人们更容易向短期的不适妥协。电子烟的发明就是为了替代香烟,帮助人们戒烟。电子烟又名电子雾化器,外形与香烟类似,能从生理和心理上满足吸烟者的需求。同时,电子烟的有害成分释放量比传统卷烟少98%,尽管周围的人仍然被动吸烟,但二手烟的危害大大减轻。电子烟是对香烟的一种功能替代,但它也会带来其他的危害。见图4-58。

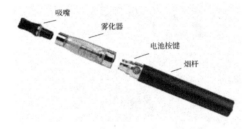

图 4-58　电子烟

(图片来源:http://blog.sina.cn/dpool/blog/s/blog_13807ced50102vlwm.html)

(2)典型案例:仿真植物装饰盆景

很多人都爱在家里摆些盆栽营造温馨的环境,但是植物是需要每天细心照料的。有些人天生就没种植技能,养仙人球都能养死,多次失败之后,也就不好意思往家里倒腾植物了;或者限于工作性质需要经常出差,也不适合养植物,但是不摆放盆栽又总觉得缺了点什么。这时候,仿真植物装饰盆景就是首选了。仿真植物装饰盆景外观与真的植物极为相似,且不需要人们悉心照料,摆放一段时间后如果腻了,也可以随时更换其他仿生盆栽而不必有愧疚感。同时,众所周知,如果养了盆栽就会比较容易在家里发现虫子,而仿真植物装饰盆景则完全没有这个顾虑。

（3）典型案例：种植海绵

在城市的钢筋水泥建筑中，不少人都想自己种菜，传统的种植都是依托于泥土的，但是泥土种植存在弊端。如果是在乡村，拥有无边的田地，种植自然是用泥土的，但是在城市，人们只能在阳台上"发泄"自己的种植欲，在室内用泥土种东西就不太现实了。种植海绵的发明者正是考虑到这一点。种植海绵代替了泥土的功能，且更为干净，可以毫无顾忌地放在室内。利用种植海绵种出的蔬菜不含任何农药残留，且口感和营养价值均超过用传统方式种植的蔬菜。并且在日常种植中，种植海绵相对于泥土具有更好的锁水性，可以减少浇水次数，使种植变得更简单！见图4-59。

图 4-59　种植海绵

（图片来源：https://baijiahao.baidu.com/s？id=1576082500997638&wfr=spider&for=pc）

（4）新产品创意：脑机接口

现在我们用电脑，需要用眼睛和屏幕、手和鼠标/键盘与电脑进行交互。可以考虑开发一种脑机接口，通过脑电波直接和电脑建立信息连接，随时学习知识或者查阅信息。

（5）小结

简而言之，功能替代是指用一款创新产品专门替代另外一款产品上的功能，以实现转移用户对于原产品的依赖性。

结　语

本章从功能导向出发，分三个大类介绍了新功能等 13 个创新创意思想的应用和案例。希望能够给读者的生活、工作和学习带来思考和启发，更希望将来能看到更多更新更好的创意产品。

 **思考题**

1.试就这13个创新创意思想方法提出你的新产品创意。

2.试就第一章提到的马斯洛需要层次原理解说"痛点"是什么。

3.你能够举出更多的"防错"设计案例吗？

4.解难和便利的区别是什么？

5.分解创意的案例比较少,帮找一下。

6.说说嫁接和组合的异同点。

7.还有哪些功能替代的案例,特别是非实物产品的案例？

8.举出20个"简约"设计案例。

9.提出10个用手机的"新功能"来解决生活学习中困难("解难")的方案。

10.举出10个功能替代的产品案例。

11.形态分析法和功能导向13个创意方法的组合练习:以功能导向的13个创意方法为形态分析法的元素,形成一张形态分析表,并进行典型形态组合(创意组合)的优缺点和可行性分析。

12.试用前三章所学理论分别解释"功能的增加、减少"小节中的6个创新创意方法(新功能、解难、便利、防错、简约、专业化),同时,每一个方法给出2个案例进行说明。

◎ **参考文献**

[1]维克多·帕帕奈克.为真实的世界设计[M].北京:中信出版社出版,2012.

[2]黄鹤.99招让你成为家电维修能手[M].南昌:江西教育出版社,2010.

[3]http://www.sohu.com/a/139014468_416654.

[4]兰鹏.防错技术在汽车车身设计中的应用研究[J].建筑工程技术与设计,2018(25):629.

[5]刘巧.设计防错技术在航空机载产品中的应用[J].工业技术创新,2017,4(2):139-141.

[6]熊菲.老年住宅的便利性设计研究[D].华中科技大学,2012.

[7]沈驰鑫.浅谈无线充电技术在智能时代的发展与应用[J].中国科技纵

横,2016(2):229-230.

[8]柳景龙.论无印良品中体现的简约主义设计[J].青年时代,2018(22):42.

[9]罗意.简约风产品设计应用分析研究[J].西部皮革,2018,40(19):72.

[10]http://news. hexun. com/2013-08-20/157254375. html

[11]于发友.我国教师专业化面临的问题与影响因素分析[J].当代教育科学,2004(6):23-25.

[12]https://baike. so. com/doc/7010298-7233180. html

[13]http://photo. 21ic. com/board/detail/id/2244? p=4

[14]http://www. szhomestar. com/Article/jxamnsbbpz_1. html

[15]http://m. sohu. com/a/302574768_549050

[16]http://m. sohu. com/a/227474998_241593

[17]https://blog. csdn. net/yuyin86/article/details/7770935

[18] https://baike. baidu. com/item/% E8% B7% A8% E7% 95% 8C/18894156? fr=aladdin

[19]http://m. sohu. com/a/288145976_465220

[20]http://www. sohu. com/a/195821691_694544

[21]http://www. sohu. com/a/283928234_313737

[22]https://www. sohu. com/a/239549531_655780

第五章　技术导向的应用和案例

■ 本章导读：

> 　　这一章探讨如何从技术导向出发进行产品的创新创意活动,包括巧妙、模仿、仿生、技术改进、原理突破、新材料、新工艺、流程创新、技术系统集成和社会系统集成共 10 种创新思维方法,分为新技术和新管理(资源整合)两个小节介绍。其中,社会系统集成是作者提出的全新概念。

　　我们处于一个技术飞速发展的时代,用"日新月异"已经难以表达科学技术对我们生活、工作、学习以及各项社会活动带来的巨大影响。

　　基于技术导向思维,本章将探讨新技术和新管理(资源整合)两个大方向以及巧妙、模仿、仿生、技术改进、原理突破、新材料、新工艺、流程创新、技术系统集成和社会系统集成这 10 个产品创新创意思想。

一、新技术

　　新技术是指产品的创新主要在于采用了新的技术,或者是原有技术的创新性应用。具体思路可以分为巧妙、模仿、仿生、技术改进(渐进式创新)、原理突破(颠覆式创新)、新材料、新工艺这七种。

1. 巧妙

　　巧妙一词指产品设计巧夺天工,工心于技,精巧美妙。从词义上看,巧的含义是技术高明,妙则代表美好。巧妙即指灵巧高妙。巧妙的产品创意指的是将灵巧高妙的想法通过改造产品来体现,让其更加具有新意并创造出原来产品所不具备的功能。这些产品中的意味如同它的词义一样妙不可言。

通过巧妙设计使产品更加便于使用、便于携带、便于收纳等,在产品使用过程中带给人们更多的乐趣,在消除人们痛点的同时又戳到痒点,令人怦然心动。

巧妙还有一个常用的意思是对话的机敏和计策的高超。《三国志·魏志·管辂传》中"正始九年举秀才"一篇,裴松之注引《管辂别传》有云:"何尚书神明精微,言皆巧妙。"[1]

巧妙的另外一个意思是艺术品构造精美。唐陈鸿《华清汤池记》:"安禄山於范阳以白玉石为鱼龙凫雁,仍以石梁及石莲花以献,雕镌巧妙,殆非人工。"这个含义不在本书讨论的范围内。[1]

以下采用"巧妙"创意思想方法的典型案例,主要指智慧地运用现有的科学、技术、材料等资源,在产品设计和日常生活、各项管理等领域进行令人耳目一新、茅塞顿开的创新。

(1)典型案例:创意插座

我们平时所用的家用插座大都是一块平的板,看似能插很多插头,但在使用过程中总是出现问题,比如插了体积比较大的插头就会使旁边的空插座无法再插入插头,我们找到了几款创意插座正好可以解决这个问题。

a.可随意拆卸旋转的插座

家里的插座不是太小不够用,就是太大了占地方。现在设计师们打造了这个可以自由增减插头个数的插座。乐高模块化插座(Rotating 360°),可以随意选择颜色来搭配,把它们一个个像乐高积木一样插在一起就成了,方便的同时还非常有个性。这个创意插线板中每个插座都可以 360 度自由旋转,解决了插头太大挤占旁边插座空间的问题,可以充分插入每一个插头,且不妨碍其他的插头。其次,这个插座可以拆卸,避免了在不需要的情况下产生插座闲置和浪费。[2] 见图 5-1。

b.魔方插座

魔方插座被设计成一个一个的正方体,五个面上都设有市电或者 USB 插座,另外一个面有插头或者电源线来引入电源。魔方插座可以根据需要进行组合,非常方便,也不占地方。见图 5-2。

c.随意卷曲链式插座

设计插线板很为难。太长怕占空间,太短怕不够用。后来,设计师想出弯腰的办法,将接线板设计成几个模块铰接而成,可以弯曲成圆形、半圆形、锯齿

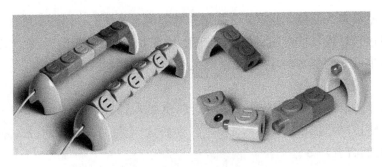

图 5-1　可随意拆卸旋转的插座

（图片来源：http://www.shejipi.com/41775.html）

图 5-2　魔方插座

（图片来源：https://detail.vip.com/detail-568705-76454532.html）

形等等，来适应不同的家居空间。见图 5-3。

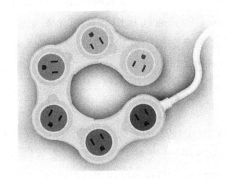

图 5-3　随意卷曲链式插座

（图片来源：https://xian.qq.com/a/20100701/000044_7.htm）

（2）典型案例：蜡烛杯

这款产品在生活中的运用似乎并不广泛，应该更多使用在一些注重环境的创意餐厅咖啡厅，或是在约会聚会中营造氛围。许多蜡烛杯都是先点上蜡烛再放置到杯子内部，放蜡烛时是十分危险的。但如果想先放置蜡烛再点燃，则更难以点着，也更容易烧到手指。

这款创意的蜡烛杯就可以杜绝这类隐患，它在杯檐开了一个槽口直入杯子底部，无论多高的蜡烛，都可以通过在槽口放入火柴点燃。这不仅为点蜡烛提供了方便，还保持了杯子的美观。见图5-4。

图 5-4　蜡烛杯

（图片来源：http://www.duitang.com/people/mblog/423143195/detail/）

（3）典型案例：创意梳子

梳子在生活中的运用十分广泛，不仅仅梳头的时候要使用到，有些人按摩头部也使用一些特殊材质和设计的梳子。所以我们搜罗了2种创意梳子，都有其不同的功能。

a. 创新梳

这是一款女生看了肯定会产生共鸣的产品，尤其长发女生。听说女生掉起头发来能塞住下水道，女生总会为掉头发而烦恼，在梳完头发后，头发总会掉很多，并留在梳子的凹槽里难以清理，久而久之，梳子的凹槽积满了碎头发和脏东西，梳子就会又脏又黑。此款梳子就解决了这些问题。这梳子有两个部分，梳子和一块软垫，梳完头发后，可以将软垫拿出，除去头发，就能清理干净。见图5-5。

b. 按摩梳

这款创意梳子使用时，整排梳齿的齿尖可以按照使用者头部的轮廓曲线排列，每根梳齿都可以和头皮柔性接触，给用户最舒适、最贴心的使用体验，按

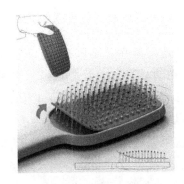

图 5-5　可清洁创新梳

（图片来源：http://www.id-shape.com/pod.jsp? id＝2776）

摩头皮和去除头屑的效果都非常好，是目前传统保健木梳、角梳非常好的升级产品，且设计结构简单，便于制造。[3]见图 5-6。

这把梳子还有一个衍生优势，一把梳子可以配套不同材质，不同齿密度的多套梳齿，用户根据需要可自行更新，断齿维修方便，用户可自行更换备用梳齿。

图 5-6　按摩梳

（图片来源：http://tieba.baidu.com/p/4316576201）

（4）典型案例：挤牙膏神器

在大家的日常生活中，牙膏可以说是必备品，每天清晨醒来刷牙，开始一天美好的生活，是一种好习惯。但是不知道大家注意过没有，当牙膏即将用尽的时候，如何将剩下的牙膏挤出来，是一件非常让人头疼的事情。最近，一款新式挤牙膏器可以帮助人们不再为挤最后的一部分牙膏伤脑筋。这款产品看起来好像夹子一样。使用的时候也非常简单，只需要将牙膏尾部放在上面，旋转旋钮，就能将牙膏皮挤平。[4]见图 5-7。

图 5-7　挤牙膏神器

（图片来源：http://pic.chihe.sohu.com/detail-602111-1.shtml）

（5）典型案例：婴儿洗头帽

这是一种新型婴儿洗头帽，包括：帽体、帽檐和流水槽。帽体的内侧设有密封条，帽体的一端设有卡扣槽，另一端设有卡扣条，密封条的材料为 EVA 材质，帽檐为拱形，在给婴儿戴的时候大小可以有弹性地调节，能够让帽子紧密的贴在婴儿头部，防止洗发时水流进眼睛。这个产品可以方便地帮助家长给婴儿洗头，避免孩子哭闹。[5]见图 5-8。

图 5-8　婴儿洗头帽

（图片来源：http://uuhy.com/html/26456.html）

（6）典型案例："旋转"的户外座椅

我们在公园或者小区里时常会碰到这个困扰，就是公共座椅总是会有各种问题让人无法坐下，有时候是雨水，有时候是灰尘，有时候是污渍。这个座椅可以很好地解决这个问题，当座椅脏的时候就可以通过摇柄把它翻一面坐。见图5-9。

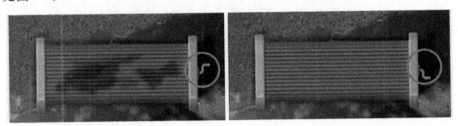

图 5-9 "旋转"的户外座椅

（图片来源：http://www.sohu.com/a/217441890_100104820）

（7）典型案例：边切边铲的二合一披萨剪

平常喜欢吃披萨打发时间的人应该对这个小发明情有独钟，一只手就可以剪出完美的披萨角，并且不会漏掉任何食料。它的切割部分与普通的剪刀类似，可以轻而易举地将披萨切开。但是这款产品在"剪刀"旁边还专门配有一把小"铲子"，因此当你剪下披萨的同时还可以顺便用这个小铲子将剪掉的披萨取出来。[6]见图5-10。

图 5-10 边切边铲的二合一披萨剪

（图片来源：https://picture.pconline.com.cn/article_group/239416.html）

(8)新产品创意：眼药水的新用途

洗澡或者游泳时，耳朵经常会进水，非常难受，也容易引起感染。用棉签清除积水会感到疼痛，甚至会擦伤耳道。有没有好一点的办法？

教你一个小窍门：用眼药水往耳朵里面滴几滴，然后侧过头来，里面的积水和药水就会一起流出来，非常爽。眼药水一般具有消炎作用，而且卫生要求比耳药水要高，关键是它还比耳药水常见，你不妨试试。

(9)小结

巧妙产品是最贴近生活的创新，我们生活中许多细微的改变都来自于产品的巧妙创意。

巧妙创意很多时候只是生活中的"灵光乍现"，创意来自生活又服务于生活。只要在生活中善于观察和发现，总能找到那么一些巧妙的创新创意方法。

2. 模仿

模仿，是指个体自觉或不自觉地重复他人行为的过程，是社会学习的重要形式之一。尤其在儿童方面，儿童的动作、语言、技能及行为习惯、品质等的形成和发展都离不开模仿。模仿可分为无意识模仿和有意识模仿、外部模仿和内部模仿等多种类型。[7]

今天，各种产品类型已经非常多了，即便是你要做一款模式上完全创新的产品，但是在产品形态上也可以找到参考对象。当我们要做一款产品时，如果没有足够多的经验，很难想象出这款产品的形态。即便想象出大概的样子，或许也不确定是否能够被市场接受。[8]

通过分析已有的产品，我们可以更快速地设计出产品形态，了解产品所需的功能，特别是市场对于这个产品的接受程度。所以产品的模仿行为会避免自己走一些弯路，也会使自己快速找到解决方案。这就是产品设计的模仿。[8]

模仿策略可以规避新产品概念不被市场接受的风险，也减少了研发的过程，节约了研发成本。因此，模仿者可以减少研发投资，具有较低的成本，使其面对原创者时拥有成本优势。

(1)典型案例：水桶包

水桶包是一种外形酷似水桶的手提包，圆润又不失俏皮，见图5-11。从1932年推出的第一款水桶包Noe开始，水桶包就一直成为包包的经典。众所周知，水桶一直是人们盛放东西的好帮手，而女性背包，不仅是为了搭配衣服，外形好看，更多的是为了装一些小物品，如化妆品、手机、防晒霜之类的。水桶包模仿水桶的造型和容量大的特性,经过设计师改造,漂亮、实用而不臃肿。[9]

图 5-11 水桶包

(图片来源:https://baijiahao.baidu.com/s? id=16116662764666672510&wfr=spider&for=pc)

(2)典型案例:Windows 操作系统

当年,微软公司创始人比尔·盖茨应乔布斯之邀,参观了苹果公司采用图形界面操作系统的新电脑。令老乔始料不及的是微软不久就推出了同样采用图形用户界面的 Windows 操作系统。尽管这两个操作系统代码不一样,但是 Windows 系统和苹果的 MacOS 在"外观和感觉"上的相似性,无疑是得到了对手产品的启发。这是一个非常成功的模仿产品。

(3)典型案例:安卓手机操作系统

苹果公司无比悲催,其手机操作系统也被 Google 公司模仿设计成了安卓系统。采用安卓系统的智能手机已经推出,打破了苹果公司在智能手机领域的垄断,迅速打开了市场,成为 iPhone 的劲敌。

(4)典型案例:淘宝网

淘宝网的创意来源于美国电商公司 eBay。但是,淘宝不是简单地模仿,而是在 eBay 电商模式的基础上,针对中国的社会和商业特性进行了改造,从而一举打败了对手,将 eBay 赶回了美国老家。

(5)典型案例:中国高铁

中国高铁从无到有,从学习、追赶到超越,只花了十几年的时间。在引进国外技术的基础上,勤劳聪慧的中国工程技术人员进行了二次创新,最终形成了自己的技术和知识产权。

（6）小结

模仿和独创并不对立。现今世界，一个完全独创的产品可以说不存在的。每一个产品，或多或少会有模仿和借鉴别的产品的元素。

模仿是一条捷径，但仅仅靠模仿也容易陷入困境。我们需要在模仿的基础上进行创新，也不排除在创新时借鉴人类一切已有的知识财富。

3. 仿生

仿生学（Bionics）是模仿生物特殊本领的一门科学，这个名词来源于希腊文"Bio"，意思是"生命"，字尾"nic"有"具有……的性质"的意思，1960年由美国的 J. E. Steele 首先提出。他认为："仿生学是研究以模仿生物系统的方式，或是以具有生物系统特征的方式，或是以类似于生物系统方式工作的系统的科学。"[10]

仿生学主要是观察、研究和模拟自然界生物各种各样的特殊本领，包括生物本身结构、原理、行为、各种器官功能、体内的物理和化学过程、能量的供给、记忆与传递等，从而为科学技术中利用这些原理，提供新的设计思想、工作原理和系统架构的技术科学。[11]

仿生设计灵感来源于我们生活的大千世界中的各种生物，是在对自然生物体，包括动物、植物、微生物、人类等所具有的典型外部形态的认知基础上，寻求对产品形态和技术的突破与创新。在产品的设计中引入仿生的元素，不但能增加产品本身的特点，还能增加人们与产品之间的情感因素。[11]

仿生设计作为一种造型方法不仅深受设计师们喜爱，也给使用者带来很大的愉悦感。

仿生产品创意设计广泛运用于军事、科技、农业、工业和日用品等领域。

（1）典型案例：青草手机

O2 recycle 与知名设计师辛恩迈尔斯合作联手打造了一款青草手机（Grass Phone），它具有正常手机的全部功能，是第一部使用草制作外壳的手机。上面包含有数以万计的碎草叶，处理后包上一层环保树脂，以使碎草硬化并粘到一起，从而能坚固地保护手机内部器件。手机上按键的材料则是来自从当地采购的木材。[12] 见图 5-12。

（2）典型案例：螺旋抽屉

设计师将它命名为"螺旋盒"，抽屉芯呈螺旋状打开，就像一颗螺蛳，好玩又不丧失原本的储物功能。见图 5-13。

图 5-12　青草手机(Grass Phone)

(图片来源:http://web. ilohas. com/daily/502)

图 5-13　螺旋抽屉

(图片来源:http://design. taoci. com/sj/20131212100220. htm)

(3)典型案例:开花吊灯

开花吊灯在未使用状态下为闭合,看不到灯泡,就像家居的装饰品。开启后花瓣展开,变为一盏照明的灯具。见图 5-14。

(4)典型案例:安全头盔

啄木鸟为什么不会得脑震荡? 是因为它的头部具有缓冲组织。人们从啄木鸟身上得到了启示,在设计安全头盔时,帽顶与头顶之间留有空隙,中间填充了柔软的吸能材料。见图 5-15。

图 5-14　开花吊灯

（图片来源：http://www.shejipi.com/23061.html）

图 5-15　安全头盔

（图片来源：https://graph.baidu.com/thumb/v3/1127334048,2075203974.jpg）

（5）典型案例：尼龙搭扣

　　自然界中有一种植物叫苍耳，它的果实身上布满了倒钩，能够轻易地附在路过动物的皮毛上，跟随动物的走动传播。人们模仿苍耳设计了尼龙搭扣，尼龙搭扣由尼龙钩带和尼龙绒带两部分组成，就像苍耳的倒刺和动物的皮毛，钩带和绒带复合起来略加轻压，就能产生较大的扣合力和撕揭力，除非人们故意将它解开，不然它们就会一直牢牢黏在一起。尼龙搭扣在生活中十分常见，搭扣显然比鞋带更适合，考虑到小朋友的动手能力，小孩子的鞋子通常不采用普通的鞋带而用尼龙搭扣来固定，家里的窗帘也通常用尼龙搭扣来固定。模仿苍耳的尼龙搭扣实在是带给了我们很多便利[13]。见图 5-16。

图 5-16　尼龙搭扣

（图片来源：https://baike.so.com/doc/2211430-2339956.html）

（6）典型案例：电子蛙眼

青蛙能够从各种飞快移动的小动物中认出并捕捉到它喜欢吃的苍蝇和飞蛾，而对其他飞动着的东西和静止不动的景物都毫无反应。青蛙的这一特征引起了人们好奇，在战场上，人们需要及时发现敌方的导弹信息，从而发射反导弹截击对方的导弹，这一点需求和青蛙从周围环境中发现苍蝇和飞蛾很像。人们对蛙眼的结构加以研究，发明了电子蛙眼。电子蛙眼其实是一个摄像头，成像之后通过光缆传输到电脑设备进行处理。一旦发现图像异常，计算机就会立即报警[14]。见图 5-17。

（7）典型案例：人工冷光

人工制造光的来源有许多种，可以由电产生光，可以由燃烧产生光。在生活中的绝大部分场景下，各种光都是适用的，但是在充满爆炸性瓦斯的矿井中，就要慎重了，而且电灯的热射线对人的眼睛其实是有害的。人们根据萤火虫制造出了冷光，冷光光线柔和，光的强度高，很适合人的眼睛，而且这种光没有电源，不会产生磁场[15]。见图 5-18。

（8）典型案例：潜艇

最早时候的潜艇，艇身是水面舰船的船身，两侧有两个大水柜，后来为了减少在水中行进的阻力，设计师就将潜艇的外形改造成鲸的外形了。鲸的外形是一种极为理想的流线体，能够将水中的阻力降到最小。通过对鲸的外形

图 5-17　电子蛙眼

（图片来源：http://www.sohu.com/a/123943165_349653）

图 5-18　人工冷光

（图片来源：https://baike.baidu.com/item/％E4％BA％BA％E5％B7％A5％E5％86％B7％E5％85％89/10987177？fr＝aladdin）

进行模仿，潜艇在水下的速度大大提升，同时流线体的造型在行驶过程中又可减小噪音，对于军用潜艇来说，流线体还具有一定的隐蔽能力，可以更好更快地完成任务[16]。见图 5-19。

（9）典型案例：海葵浴缸

图 5-20 这款海葵浴缸运用了仿生学的原理，将浴缸形状设计成海葵的样子，浴缸内部还设计了小刺，但是这些小刺是弹性的、柔软的，很舒适，并且设计师还对浴缸外壁进行了优化设计，使人们可以更舒适地躺下，享受泡澡的过程。甚至，这款浴缸还能发光，根据不同水温会发出不同的光。见图 5-20。

图 5-19　潜艇

（图片来源：http://www.yidianzixun.com/article/0KMxoLkP）

图 5-20　海葵浴缸

（图片来源：http://www.shejipi.com/68899.html）

这款海葵浴缸，充分运用了大自然的艺术，从自然生物形态上攫取设计元素，并巧妙地运用到生活物品中。但其缺点也显而易见：很难清洗。

（10）小结

很多产品的创意思想来源于生物，比如模仿鲨鱼表皮形状的游泳衣、模仿蝙蝠探索周边环境的雷达等。

善于研究观察生物，会给我们带来很多启发。

4. 技术改进（渐进式创新）

在全球化背景下，中国企业已然进入自主创新的发展阶段，尤其对制造型企业而言，技术进步成为其转型升级、应对激烈竞争和复杂环境的核心能力。

技术进步主要包括科学、技术、生产紧密结合，使科学技术、经济、社会协调发展。不断采用新技术、新工艺、新设备、新材料，用先进的科学技术改造原有的生产技术和生产手段，设计和制造生产效率更高的新工具和新产品，使整个国民经济技术基础逐步转移到现代化的物质技术基础上来。综合运用现代科技成果和手段,提高管理水平,合理组织生产力诸要素,实现国民经济结构和企业生产技术结构合理化。

与颠覆式创新不同,渐进式的技术改进是一个从好到更好的过程,它基于的是现今存在的某一种或者某几种技术,不断改进,从而促成产品的迭代。任何产品的出现都伴随着某些技术的不断完善,社会在进步,科技在进步,技术也在渐进地趋于完善,这才带来了新产品的层出不穷。一如苹果手机 iPhone 系列的不断推出,每推出一个新系列,就代表着苹果在手机研发的某项技术中取得新成果。

渐进式创新在许多领域都有应用,但是在信息技术(IT)领域的发展最为典型。以下是一些典型案例。

(1)典型案例:计算机的运算能力

上文已经提到,集成电路(IC)的集成度不断得到提高,数据处理能力也越来越强大。因此,由 IC 为核心组成的计算机运算速度也越来越快。

(2)典型案例:电视机显示屏的尺寸

随着显示屏生产技术的进步,人们能够生产越来越大的显示屏。因此,电视机的屏幕也越来越大。

(3)典型案例:数码相机的分辨率

数码相机的分辨率是由光电传感器所决定的。这种光电传感器和 IC 一样也是硅基元件,在技术进步的推动下,集成度越来越高,因此相机的分辨率也水涨船高。

(4)小结

有时候在一个整体一眼看来是渐进式创新的过程中,可能涵盖了局部的突破性、颠覆性创新。或者说,表面上看来是渐进式的技术改进,实际上其实现的技术原理是完全不同的。比如,集成电路(IC)的集成度的逐步提高,其中某些阶段是渐进式的技术改进,某些时候是采用新的光刻技术等的突破性创新,因为原有的技术遇到了瓶颈或者天花板。所以,渐进式创新和突破性创新之间的关系是辩证统一的,不可分离的。

5. 原理突破(颠覆式创新)

颠覆性创新由 Innosight 公司的创始人,哈佛大学商学院的商业管理教授克莱顿·克里斯坦森(Clayton Christensen)于 1997 年在《创新者的窘境:新技术使大公司破产》(*The Innovator's Dilemma：When New Technologies Cause Great Firms to Fail*)一书中首次提出。他试图回答,为什么一些在位企业会被新进入的企业所替代。在以往我们所观测到的新技术或革命性变革中,有一些变革常常不是在位的大企业所拥有而是新进入的企业所拥有的,而这些技术或变革对在位企业产生了强烈的冲击。这些在位企业本应该对"颠覆性技术"(Disruptive Technologies)有所预见,但却无动于衷。[17]

准确地说,颠覆式创新更关注的是一个行业或者一个技术的 S 形曲线轨迹。根据 Utterback(2005)的定义,技术的绩效随着其生命周期会形成一个 S 形曲线:随着时间的推进,最初 S 形曲线的绩效缓慢增长但此时边际增长率为正,在经过一个拐点后技术绩效飞速上涨,最后缓慢增长但边际增长率为负。而颠覆性创新关注在拐点时产生的另一个不同路径的 S 形曲线,而新的 S 形曲线有可能替代过去的 S 形曲线。[18]

S 形曲线与技术进步的关系见图 5-21。

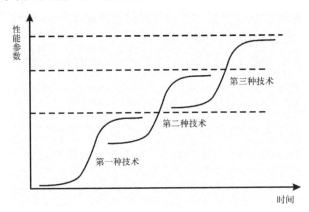

图 5-21 S 形曲线与技术进步的关系

(图片来源:http://blog.sina.com.cn/s/blog_adf812b30102xezd.html)

(1)典型案例:彩色电视代替黑白电视机

20 世纪 80 年代,黑白电视机还是个稀有的东西,黑白电视机只能呈现黑白两色,人们为了可以看到彩色的,通常会在电视机上贴一片彩色透明膜,假装是彩色电视。而现在黑白电视机早已被淘汰,几乎人人家里都有彩色智能电视,人们随时都可以欣赏高清的彩色电视画面。在连接网络后,智能电视还能提供全高清 3D 体感游戏、视频通话、家庭 KTV 等功能。从黑白电视到彩色智能电视的电视产品,电视机的这一变化中经历很多原理突破式的创新。[19]

(2)典型案例:手机解锁功能

"最初的手机安全设计采用密码解锁",人们为手机设置一个密码,想要打开手机时就输入密码,但是密码解锁容易出现密码泄露问题,个人隐私得不到保障,且每次打开手机都要输一遍密码不免麻烦。2011年摩托罗拉推出ME860,跨出了智能手机走向指纹解锁的第一步,指纹解锁更为安全方便,只需将手指轻轻一按,手机就打开了。随后,手机解锁又迎来了人脸识别,人脸识别相对于指纹识别来说更为方便,只需将脸对准摄像头,手机检验到人脸就会自动解锁了。手机从密码解锁到指纹解锁再到人脸识别,就是手机解锁功能的原理突破创新。[20]

(3)典型案例:从机械锁到智能门锁

钱包、钥匙和手机,这三样东西几乎是每个人的出门必备。每天早晨起床,赶着去上班和上学的时候,有多少人手忙脚乱地寻找过家里大门钥匙,甚至回家时因为忘记带钥匙兴师动众地寻找专门开锁的人来开锁。机械锁存在了多长时间,这些问题就困扰了人们多久。在现在的门锁市场上,智能门锁正在逐渐普及。智能门锁的系统由智能监控器和电子锁具组成,可以通过指纹、触摸屏、智能卡开启门锁,随着技术的发展甚至增加了手机APP开锁功能,避免了忘带钥匙被拒之门外的尴尬。同时,智能门锁还具有监控功能,可以向主人汇报当天的访客情况。在遇到不法分子试图技术破解或是暴力破解锁时,智能门锁会主动报警,保障用户财产和人身安全。

(4)典型案例:5G通信网络

移动通信网络已经从2G技术发展到现在的5G技术。5G属于第五代通信网络,理论上可以达到10GB每秒,比4G网络的速度要快上百倍。5G网络以后支持的设备不仅仅是智能手机,除此之外,它还支持健身腕带、智能手表以及智能家庭设备等。在技术上,5G和4G的实现原理是完全不同的。因此5G是一次颠覆式创新。见图5-22。

(5)典型案例:平衡车

平衡车运用传感器、人工智能等多项技术实现了从机器服从于人的被动式平衡,变为机器自主的主动式平衡,从原理上完全颠覆了人们的认知和习惯。见图5-23。

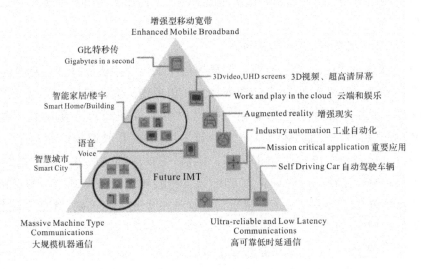

图 5-22　5G 应用场景

（图片来源：http://www.srrc.org.cn/article18866.aspx）

图 5-23　平衡车

（图片来源：https://detail.youzan.com/show/goods? alias＝1y8vc1adw8f0y&amp；from＝wsc&amp；kdtfrom＝wsc）

（6）典型案例：数字货币

数字货币是电子货币形式的替代货币。数字货币不同于虚拟世界中的虚拟货币，因为它能被用于真实的商品和服务交易，而不局限在网络游戏中。早期的数字黄金货币是一种以黄金重量命名的电子货币形式。密码货币指不依托任何实物,使用密码算法的数字货币,比如比特币、莱特币等依靠校验和密码技术来创建、发行和流通的电子货币。其特点是运用 P2P 对等网络技术来发行、管理和流通货币,理论上避免了官僚机构的审批。Facebook 计划发行的数字货币体系 Libra 将对传统货币体系构成重大挑战。[21]

(7)新产品创意:磁悬浮汽车

问题来源:汽车工业一直是世界工业的难题,自第一台汽车诞生至今,汽车性能发生了翻天覆地的变化。但自始至终汽车的主要驱动方式还是由轮子驱动。

新产品创意:我们都知道磁场存在着同性相斥的特点,那么我们是否可以制造一种磁悬浮式的汽车使得汽车悬浮在路上,这样可以产生立体式交通,并且能够提高平均车速,缓解城市拥堵问题。

(8)结论

技术改进与原理突破是既分立又统一、共同演进的体系。原理突破为技术改进创造了新的条件,而技术改进往往很快就会触到现有技术的天花板,从而推动技术的进一步突破。

总而言之,技术进步和原理突破是技术不断发展、完善和新技术不断代替旧技术的过程,其中包含了新材料、新工艺等技术方法。这两个技术方法比较具有独特性,因此接下来单独进行讨论。

6. 新材料

新材料是发展先进制造业和高新技术产业的基础、先导和重要组成部分,具有战略意义,在我国《中国制造 2025》等规划中反复提及。它不仅在产品创新中发挥着举足轻重的作用,对于促进传统产业转型升级,构建区域产业竞争新优势有着重要的意义。

新材料是指新近发展或正在发展的具有优异性能的结构材料和有特殊性质的功能材料。结构材料主要是利用它们的强度、韧性、硬度、弹性等机械性能。如新型陶瓷材料、非晶态合金(金属玻璃)等。功能材料主要是利用其所具有的电、光、声、磁、热等功能和物理效应。近几年,世界上研究、发展的新材料主要有新金属材料、精细陶瓷和光纤等,包含了特种金属功能材料、高端金属结构材料、新型无机非金属材料、高性能复合材料、前沿新材料等等。[22]

简而言之,在产品创新创意设计中,新材料是指针对某一件商品,设计师设计的功能相同,但是所用的材料不相同,使得产品在使用效果上大有不同。用一种新材料去取代以往的旧材料,使得产品更加优化,是一种改良与进步。

根据工业和信息化部联合发改委、科技部、财政部研究编制的《新材料产业发展指南》（工信部联规〔2016〕454 号，以下简称《指南》）精神，新材料是指新出现的具有优异性能或特殊功能的材料，或是传统材料改进后性能明显提高或产生新功能的材料。《指南》明晰了先进基础材料、关键战略材料和前沿新材料是新材料产业的三大重要领域。[23]

在此基础上，工业和信息化部在印发《重点新材料首批次应用示范指导目录（2017 年版）》（工信部原〔2017〕168 号）时，将上述三大发展领域进一步细化为九个二级门类。见图 5-24。

（1）典型案例：锂电新材料

锂电池材料一般是由正极材料、负极材料、电解液、隔膜、外壳等五大材料构成（图 5-25）。正极材料含有镍酸锂、锰酸锂、三元酸锂、磷酸亚铁锂等；负极材料一般有无定形碳材料、石墨化碳材料、硅基材料、氮化物、新型合金等；隔膜主要以聚烯烃材料聚丙烯（PP）以及聚乙烯（PE）为主；电解液主要成分为六氟磷酸锂、溶剂以及一些特殊成分的添加剂；外壳则可以分为金属外壳或者塑料为主的铝塑膜。前四大材料为目前市场竞争领域。[24]见图 5-25。

新型锂电池隔膜技术壁垒最高，它决定了锂电池的能量密度、循环寿命、环保性及安全性。目前世界上只有美国、日本、韩国等少数几个国家拥有行业领先的生产技术。

（2）典型案例：石墨烯

石墨烯是目前发现的最薄、最坚硬、导电导热性能最强的一种新型纳米材料，被称为"黑金"，是"新材料之王"。实际上石墨烯本来就存在于自然界，只是难以剥离出单层结构。石墨烯一层层叠起来就是石墨，厚 1 毫米的石墨大约包含 300 万层石墨烯。铅笔在纸上轻轻划过，留下的痕迹就可能是几层甚至仅仅一层石墨烯。2004 年英国曼彻斯特大学的两位科学家安德烈·盖姆（Andre Geim）和康斯坦丁·诺沃肖洛夫发现他们能用一种非常简单的方法得到越来越薄的石墨薄片。他们从高定向热解石墨中剥离出石墨片，然后将薄片的两面粘在一种特殊的胶带上，撕开胶带，就能把石墨片一分为二。不断地这样操作，于是薄片越来越薄，最后，他们得到了仅由一层碳原子构成的薄片，这就是石墨烯。[25]

石墨烯是一种由碳原子构成的单层片状结构的新材料，碳原子之间连接成六角网络，因此石墨烯具有材质轻薄、载流子迁移率高、电流密度大、强度韧

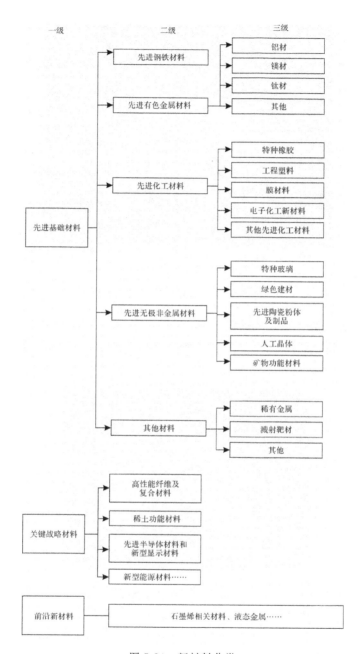

图 5-24　新材料分类

（图片来源：http://www.miit.gov.cn/n1146295/n1652858/n1652930/n4509627/c5794662/content.htm）

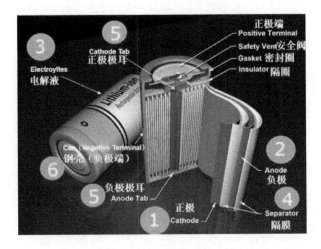

图 5-25　锂电新材料构成

（图片来源：http://www.xincailiao.com/）

性大、导热率高等特点。石墨烯具有优异的光学、电学、力学特性，在材料学、微纳加工、能源、生物医学和药物传递等方面具有重要的应用前景，被认为是一种未来革命性的材料。见图 5-26。

图 5-26　石墨烯纳米生物分子

（图片来源：http://old.b2star.com/news-9730）

由于其优异的特性，石墨烯被广泛运用于电子器件、光电器件、能源、复合材料、生物医药以及环境。在电子设备领域，利用石墨烯的电学性能，研究者目前已开发出在沟道层使用石墨烯的高速动作性 RF 电路用电场效应晶体管、在 SiC 晶圆上集成使用石墨烯作为沟道的晶体管和电感器、工作带宽超过

10GHz 的混频器 IC。在能源领域,石墨烯优良的导电性可大幅提高电池的输出功率密度,石墨烯制备的锂离子电池、超级电容器充放电速率远远高于普通电池。在光电器件领域,透明导电膜是最接近实用化的应用例之一,石墨烯可作为 ITO 的替代材料,用于触摸面板、柔性液晶面板、有机 EL 照明等,据报道,目前手机用石墨烯电容触摸屏已研制成功。石墨烯基的复合材料对材料的机械强度、导热性、吸附性等方面都有很大程度的提升,被看作是制作"宇宙电梯"的缆线材料。在生物医药领域,石墨烯纳米生物分子传感器研究也取得突破性的进展。[26]

（3）典型案例：人造蜘蛛丝

人造蜘蛛丝是一种高韧性的人造材料,它是由酵母的发酵产物丝蛋白碾成粉末,溶解于一种黏稠度类似蜜糖的溶液中,溶解完全后,将溶解液从机器的小孔中挤压出来所形成的。通过这种方法制成的人造蛛丝的直径约为 40 纳米,比天然蛛丝粗 10 到 20 倍。这种人造蛛丝不仅具有弹性好、韧性大等优点,还能够生物降解,未来有望在纺织材料、医疗和飞机船舶制造等领域得到应用[27]。见图 5-27。

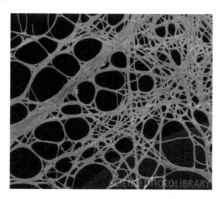

图 5-27　人造蜘蛛丝

（图片来源：http://www.biodiscover.com/news/all/100158.html）

（4）典型案例：木材海绵

木材海绵是以低密度轻木为原料,通过化学处理有序剥离出木材细胞壁中的木质素和半纤维素,保留纤维素骨架,然后经冷冻干燥所制得的,具有密度低、孔隙度高等特点。该材料具有良好的吸油性能,最大吸油量可达自身重量的 41 倍,并且可通过挤压排油的方法回收吸附的油,经过多次挤压吸油量基本保持不变。木材海绵的研发主要为了解决水中油污染问题,且相比于多

孔吸油材料,木材海绵生物降解性强、原材料价格便宜、力学性能强[28]。见图
5-28。

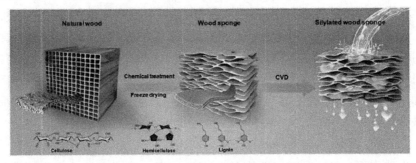

图 5-28　木材海绵

(图片来源:https://3c1703fe8d. site. internapcdn. net/newman/gfx/news/2018/woodspongeso. jpg)

(5)新产品创意:纳米柔性玻璃

利用纳米材料的特性制作的一种玻璃,柔软、坚韧而且不会脏,可用做手机屏幕、汽车顶等。

(6)小结

新材料作为高新技术的基础和先导,应用范围极其广泛,它同信息技术、生物技术一起成为 21 世纪最重要和最具发展潜力的领域。

7. 新工艺

工艺是指技术实现的方法。比如食物的烹制过程,可以油煎,可以蒸煮,可以爆炒,这就是不同的工艺。

科技的快速发展永远不能满足人们的需要。人们总要试图利用新的资源,研发新的手段,于是许多新工艺应运而生。

新工艺是指产品创造的操作程序、方式方法和规则体系的创新。通常,新工艺指制造方法方面的革新,如用电阻焊取代了原来的用焊料焊接的方法,简化操作步骤,节约时间和物料成本,也使得焊点更加美观。新工艺,是对原有工艺的改良与创新。

(1)典型案例:混凝土制造新工艺(混凝土帆布)

传统的混凝土制作都是直接将水以一定比例加在水泥粉上然后进行搅拌,这样的制作方式制作的混凝土层可能会厚薄不均匀,而且在有些情况下也不适用。混凝土帆布就是一种混凝土新工艺的体现,制作者预先将水泥粉通过三维织物的多孔表面填充到织物中,填充密实之后在织物表层涂刮密封胶,

使得水泥粉体不会漏出,这样就制得了混凝土帆布。在使用时可以像布一样直接覆盖在各种形状物体的表面,然后倒入一定的水,混凝土帆布就会硬化成型,形成一层薄的、耐水、耐火、耐久且力学性能优异的混凝土层[29]。见图5-29。

图 5-29　混凝土帆布

(图片来源:https://www.bmlink.com/a18553828237/news/1320331.html)

(2)典型案例:铜冶炼新工艺(铜纳米粒子)

金作为一种贵重金属,不但可以用作装饰,在工业中也相当受欢迎,但是金的成本太大,尽管金的催化性能优越,人们还是很少选择金作为催化材料。科学家通过新工艺制造了金的替代品铜纳米粒子用于工业生产,这是一种新的铜冶炼方法,他们借助一股带电的氩气来对抗铜原子,使后者在冷却后形成的微小颗粒,能够在极端应力下呈现与金非常相似的特性,该项工艺已证明能够让纯铜代替金银作为催化剂。[30]

(3)典型案例:SSGF 建筑新工艺

一幢 30 层的楼房,从拿到施工证到竣工,传统建造法需要 24 个月,但 SSGF 新建造工艺只需 12 个月。SSGF 是指以 "Sci‐tech 科技创新" "Safe&share 安全共享""Green 绿色可持续""Fine&fast 优质高效"四个准则形成的技术规范,SSGF 新造技术囊括了自愈合防水、爬架、铝模、全现浇外墙、高精度墙面、预制墙板、楼层节水系统、全穿插施工、高压水枪拉毛、PVC 墙纸、整体卫浴、PC 预制墙板等 12 项核心工艺,可以从根本上解决渗水、开裂、空鼓、不平整等质量通病。除了建造速度快及解决建造过程中的质量问题这些优点外,采用 SSGF 制造新工艺,还可以保持一个干净整洁的工地环境[31]。见图 5-30。

图 5-30　SSGF 建筑新工艺建造的房子

（图片来源：https://gz. house. qq. com/a/20170214/015464. htm）

（4）典型案例：电致变色玻璃的新生产工艺

现在市面上的大部分电致变色玻璃窗都是通过向两片玻璃涂抹半透明氧化铟锡或掺氟氧化锡薄膜来使其获得导电性，然后再往其中一片玻璃上涂抹电致变色氧化钨，随后用一种胶水状电解质将两片玻璃粘在一起。当接入电压之后，氧化钨涂层颜色加深，断开电压后，该涂层颜色变淡。这是一个可逆的颜色变化反应。然而这个面积大概只有 2.5 平方米的玻璃却可能需要 20 分钟时间才能完成全部的变色。[32]

近日，德国弗劳恩霍夫研究所的应用聚合物（IAP）研究人员等找到了一种新的加工工艺，它能大大加快玻璃的变色速度并且还能支持更多的颜色选择。

跟现阶段使用的工艺一样，新工艺首先也是在玻璃上涂上了氧化锡薄膜为玻璃获得导电性，不过随后的氧化钨涂抹过程则被跳过，取而代之的是把两片玻璃用一种含有电致变色有机单体的合成树脂黏合在一起。在通电之前，树脂还需要通过加热或紫外辐射的方式进行加固，这样才能保证电极键合上的单体能够形成具备电致变色能力的聚合物。这种工艺打造的电致变色玻璃在更低电压下就能开始快速变色。弗劳恩霍夫研究所的 Volker Eberhardt 博士指出，一个 1.2 平方米的玻璃可以在 20 到 30 秒之间就完成全部的变色反应。[32]见图 5-31。

图 5-31　电致变色玻璃

（图片来源：http://www.polymer.cn/sci/kjxw12602.html）

（5）小结

新工艺，简单说来，就是经过多年的实践经验积累，创造新的工作方法。

产品创新侧重于活动的结果，而工艺创新侧重于活动的过程；产品创新的成果主要体现在物质形态的产品上，而工艺创新的成果既可以渗透于劳动者、劳动资料和劳动对象之中，还可以渗透在各种生产力要素的结合方式上；产品创新的生产者主要是为用户提供新产品，而工艺创新的生产者也往往是创新的使用者。[33]

按照本书的定义，工艺本身也是一种产品。

二、新管理（资源整合）

管理也是一种专业技术。通过管理的创新，可以对现有的技术资源和社会资源进行创新整合，从而创造新的产品。以下从流程创新、技术系统集成和社会系统集成三个方面探讨产品创新创意思想。

1.流程创新

按照本书第三章的定义：流程创新是指技术、业务或者社会活动流程的变化。而通常所指的流程创新主要聚焦于工作流程和商业流程中的改变和原有流程的"破坏"。

（1）典型案例：淘宝物流配送模式和菜鸟网络

2018年，天猫"双十一"的成交额达到2135亿元。在"双十一"购物的同时，你是否会想到，爆发式的订单需要怎样的物流配送体系支撑？

淘宝物流配送是以外包给快递公司为代表的第三方物流完成的。由于淘宝网经营商家和需求用户的分散性,需要把大量订单做集中处理,在集合订单过程中发现并提取规模价值,也需要一张规模足够覆盖大量买卖双方的配送网以及信息系统的协同支持。于是,菜鸟网络应运而生。[34]

当年阿里巴巴建立菜鸟网络并不是要直接从事快递业务,而是通过菜鸟网络把各家供货商和物流企业的信息资源和流程整合在一起,从而以更高的效率、更低的成本和更快的速度为社会提供服务。

在菜鸟的统一指挥下,分布在全国各地的集散货网店和区域分拨中心的节点实现快递的跨区域集散,整个配送流程为:客户→次节点→主节点→主节点→次节点→客户。通过这一做法,完成了平台企业+第三方物流整合的物流模式创新,使传统物流规模效应能在电子商务网络效应下得到极大发挥。[34]见图 5-32。

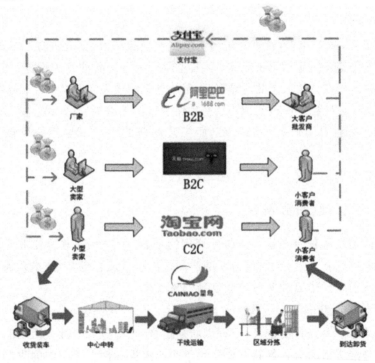

图 5-32　菜鸟网络示意图

(图片来源:http://roll.sohu.com/20131111/n389921843.shtml)

（2）典型案例：支付宝

支付宝的创新在于使用第三方担保交易模式，旨在解决淘宝网的交易安全。买家先将货款打到支付宝，买家收到商品确认收货后支付宝将货款打到淘宝卖家账号，至此完成一笔交易。这一方式打破了原有的买家与卖家直接转账的链接，引入第三方担保模式，使广大消费者适应了网络交易和网络支付习惯。

支付宝不仅仅是一个支付中介，更是一个信用中介。支付宝等支付平台的应用，极大地促进了电子商务的发展。

（3）小结

在企业管理领域，经常能够听到一个词：业务流程重组（BPR）。简单地说，BPR 是把企业的所有职能重新梳理和构建，实现业务流程的重新规划，以实现企业运作的更高效率。这项活动牵涉面非常广，影响到企业的各个方面。有的企业成功了，有的企业失败了，甚至有的企业因此倒闭了。

作者认为，一个成功的 BPR，首先必须是要保证企业的核心能力不受损，在此基础上才能实现良好的愿望。如果进行了大规模重组，骨干员工流失了，团队凝聚力下降了，那就难以实现企业效益和效率的提高。一句话，人心散了，队伍就不好带了。望企业家们慎之记之！

2. 技术系统集成

在定义"技术系统集成创新"之前，我们要先了解集成创新（Integration Innovation）这一概念。集成创新的思想可以追溯到 1912 年 Joseph Schumpeter 提出的创新理论——创新是一种"新组合"。集成创新是技术融合的进一步延伸，是产品、生产流程、创新流程、技术和商业战略、产业网络结构和市场创新的集成。集成创新的理论研究始于 20 世纪 70 年代。为应对动态环境给企业技术创新带来的挑战，Dillon、Dosi、Utterback 等分别从内部技术创新要素集成的角度探讨了企业技术、组织、制度、管理、文化的综合性创新，指出提高企业技术创新成效的关键在于合理协调上述各种要素的匹配关系，发挥协同作用。他们的研究促进了创新集成化思想的传播和发展。马可·伊恩斯蒂（Marco Iansiti）于 1994 年在一篇论文中提出技术集成（technology integration）概念（Iansiti & Clark，1994），认为技术集成是"将不断演化的（企业内外）技术知识基础与组织内现有的能力基础联系起来的能力"。早期的集成创新也主要是围绕技术创新所展开，而如果追溯伊恩斯蒂的定义，我们不难发现，集成创新不只是集中在技术方面，还要考虑组织、战略、知识等方面,因此现在对于集成创新以上几个方面也有了一定的拓展研究。[35]

（1）典型案例：电脑和网络

我们现在用的电脑集成了各种技术,如屏幕显示技术、集成电路技术、软件技术等。而计算机网络又在电脑的基础上,集成了网络通信技术,实现了计算机之间的信息联通。互联网就是一个最大的计算机网络系统,通过 TCP/IP、WEB 等技术,把全球的电脑、手机等智能设备联成一个整体。

（2）典型案例：汽车

虽说吉利集团创始人李书福先生曾经说过汽车是一个发动机加两对沙发,但那是他在战略上藐视进军汽车产业会面临的各种困难,体现了企业家的豪情、胆魄和气概。

但是我们知道汽车其实没有那么简单。汽车可分为车身系统、动力系统、控制系统等几大部分,集成了内燃机、自动化、传感器等非常多的技术,是技术集成的一个典型应用。吉利集团收购的美国硅谷 Terrafugia 飞行汽车公司,更是把汽车技术和飞机技术来了一个更高层次的集成。见图 5-33。

图 5-33　飞行汽车

（图片来源：https://m. hc360. com/info-carec/2013/05/140930373252. html）

（3）小结

技术系统集成可以说是无处不在的,一方面是技术的进步和融合,另一方面也是市场的需要。

但是,一个高度集成的系统很有可能是一个极度脆弱的系统。比如,特斯拉的自动驾驶系统,不出意外确实可以提高驾驶体验,一旦出事那就是个悲剧。本书第四章关于"防错"的篇章中提到过波音737MAX系列飞机的两起坠机事故,还有许多由技术原因引起的各种事故,不断地警示着我们提高复杂系统可靠性的重要性。

3. 社会系统集成

按照本书第三章的定义:社会系统集成是整合多个社会资源,实现全新的、综合性的功能。社会系统集成创新横跨产业和组织边界,形成贯穿人们生产、生活的社会生态系统。

(1)典型案例:集团军

我们知道,部队分兵种,比如步兵、炮兵、航空兵等。各个兵种有其自身的特点和长处,在战争时需要根据战情进行配备和投入。以往,各个兵种互相属于不同的战斗单位,大战时协调组织多有不便。

现在,很多部队把多兵种整合成一支部队,如集团军。这样,打仗时就能够比较好地协调各个兵种之间的联系和配合,极大地提高了战斗力。

(2)典型案例:股份公司

股份公司是社会系统的另一个典型案例集成。它不仅可以集成股东的资金资源,也能够集成各方的技术、品牌、管理、人脉等综合性资源,能够把投资方各自的力量整合在一起,以快速实现资产的增值。

(3)典型案例:O2O洗衣

随着人们生活节奏加快,以O2O模式来实现衣物洗涤的模式逐渐走入人们视野。这一类洗衣店运作模式主要为加盟店+洗衣工厂。客户从网上下单后,加盟实体店上门收取衣物,并通过工厂标准洗衣后上门送衣。这一举措有效缓解了人们时间碎片化的问题,也从另一个侧面使洗衣店成为虚拟的24小时洗衣服务运营平台。

(4)典型案例:"最多跑一次"改革

从2017年开始,浙江省委省政府为了提高行政效能,优化营商环境,建设人民满意的法治政府和服务型政府,推进治理体系和治理能力现代化,在全省范围内的各级行政机关开展了"最多跑一次"的综合改革。

"最多跑一次",是指自然人、法人和非法人组织向行政机关申请办理一件事,申请材料齐全、符合法定形式的,从提出申请到收到办理结果全程只需一次上门或者零上门。

　　"最多跑一次"改革实施两年来，成效非常显著。老百姓办事顺畅了，工作人员的态度积极了，重复无效的来回奔波减少了。尤其是以前需要跑多个部门的事项，现在在一个窗口就能受理；以前需要提交户口本复印件等各种证明材料，现在只要政府数据库有的信息，不需要重复提供。

　　实际上是政府在后台整合了各个办事机构的资源，沟通了原本各自分离的部门信息网络系统，改变了业务流程，以最高的效率为民服务。由此，政府的公信力、凝聚力得到了很大的提高。

　　这是一件充分体现管理者成功进行社会系统集成的典型案例。

　　(5) 小结

　　社会系统集成不仅仅是一个社会资源的整合，也包含着技术资源的整合，这些资源的整合过程中也会有流程的创造和创新。

　　社会系统集成是人类社会活动的最复杂的活动。联合国、奥委会等也都是社会系统集成的典型案例。还有哪些案例？欢迎读者补充。

结　语

　　写完本章，感觉意犹未尽。尤其最后一节社会系统集成这个主题涵盖的内容太多太广，从中可以体现出人类社会的进步和成熟。

思考题

　　1. 模仿和仿生的异同点是什么？

　　2. 怎样辩证看待渐进式创新和颠覆式创新？

　　3. 有人说，新材料也是新技术，你怎么看？

　　4. 流程创新需要哪些条件？

　　5. 举出 10 个技术系统集成的案例。

　　6. 举出 10 个社会系统集成的案例。

　　7. 哪些流程创新改变了你的生活，举出 10 个案例。

　　8. 找出同时具有新功能和新技术创意的 10 个新产品，并说明创新原理。

　　9. 找出社会总价值为负的 5 个社会系统集成典型案例。

　　10. 设想采用芯片植入大脑技术的 6 种应用产品(注意是可销售的商品和/或服务)，并说出这些产品各自的创新原理或创意思想。

◎ 参考文献

［1］https：//www. koolearn. com/cidian/ci-210112. html

［2］http：//www. 72byte. com/fenxiang/66488

［3］http：//tieba. baidu. com/p/4316576201

［4］http：//jd. zol. com. cn/600/6007043. html

［5］史峻捷. 一种新型婴儿洗头帽：CN204048545U［P］. 2014.

［6］http：//fobtx. com/chuangyi/show-13021. html

［7］https：//baike. baidu. com/item/％E6％A8％A1％E4％BB％BF/82295？ fr＝aladdin

［8］https：//www. jianshu. com/p/adbe58fb5243

［9］https：//baijiahao. baidu. com/s？ id＝1611666276466672510＆wfr＝spider＆for＝pc

［10］http：//zh. wikipedia. org/wiki/％E4％BB％BF％E7％94％9F％E5％AD％A6

［11］黄显亮. 博物馆空间导向体块化构造的仿生形态设计探究［D］. 东华大学,2010.

［12］http：//web. ilohas. com/daily/502

［13］https：//baike. so. com/doc/2211430-2339956. html

［14］https：//baike. baidu. com/item/％E7％94％B5％E5％AD％90％E8％9B％99％E7％9C％BC/4446290？ fr＝aladdin

［15］https：//baike. baidu. com/item/％E4％BA％BA％E5％B7％A5％E5％86％B7％E5％85％89/10987177？ fr＝aladdin

［16］https：//baike. baidu. com/item/％E6％BD％9C％E8％89％87/8452？ fr＝aladdin

［17］克莱顿·克里斯坦森. 创新者的窘境［M］. 胡建桥译. 北京：中信出版社,2010.

［18］James Utterback,Mastering the Dynamics of Innovation. Technology S-curve［M］. Melissa A. Schilling, Strategic Management of Technological Innovation. New York：The McGraw-Hill Companies, Inc. , 2005, pp. 41-48.

［19］http：//www. hdpfans. com/thread-781933-1-1. html

［20］http：//www. elecfans. com/consume/571006. html

［21］http：//www. ctoutiao. com/1733033. html

［22］https：//www. sohu. com/a/345724896_161117

［23］http：//www. chinagygfw. com/news/show. php？ itemid＝419

［24］http：//www. chyxx. com/industry/201801/603740. html

［25］https：//baike. baidu. com/item/石墨烯/4458070？ fr＝aladdin

［26］ https://lighting. ofweek. com/2018 - 12/ART - 34004 - 8420 - 30290007. html

［27］https：//baike. baidu. com/item/人造蜘蛛丝/16299085

［28］https：//www. sohu. com/a/271286518_609555

［29］https：//www. bmlink. com/a18553828237/news/1320331. html

［30］https：//baike. baidu. com/item/纳米铜粉/6892558

［31］https：//gz. house. qq. com/a/20170214/015464. htm

［32］佚名. 信息动态［J］. 玻璃，2017(2)：39，47-62.

［33］杜彦坤. 农业企业技术创新与管理［M］. 北京：经济科学出版社，2004.

［34］林传立，蒋丽华. 淘宝网快递配送的供应链管理研究［J］. 商场现代化，2011(7)：2-3.

［35］陈劲. 集成创新的理论模式［J］. 中国软科学，2002(12)：23-29.

第六章　经济导向的应用和案例

■本章导读：

> 这一章从经济角度出发，探讨产品创造者如何通过降低成本、创造价值和满足社会需要三个方面来获得经济上的回报。本章一共列出了11个具体的创新创意思想方法，并附上相应的案例与创意。其中，第二小节对产品的价值提出了和传统营销学不一样的看法和定义。

一切社会活动都离不开经济要素，都需要考虑资源、成本、效益和效率。从经济视角分析产品创新，需要回答三个问题：第一个是成本问题，如何以最低的成本创造产品；第二个是价值问题，如何为用户创造更高的价值，利人才能利己；第三个是市场问题，如何为你的产品找到市场，满足社会的需要。

一、降低成本

什么是成本？马克思认为：补偿所消耗的生产资料价格和所使用的劳动力价格的部分即补偿生产商品时自身所耗费的东西，对资本家来说，这就是商品的成本。[1]

张五常(2011)认为：成本是商品经济的价值范畴，是商品价值的组成部分。人们要进行生产经营活动或达到一定的目的，就必须耗费一定的资源，其所耗费资源的货币表现及其对象化称之为成本[2]。随着商品经济的不断发展，成本概念的内涵和外延都处于不断地变化发展之中。

中国成本协会(CCA)的定义是：成本为过程增值和结果有效已付出或应付出的资源代价。[3]

本书中，**成本是指创造产品时的资源消耗、用户获得产品的资源消耗和全寿命使用周期的资源消耗**。降低成本，就是要减少这些资源消耗。

首先从产品的供方考虑，降低成本包括两个方面：①降低供方自身创造产品的成本，包括人、财、物等各种资源消耗，这是产业链一个节点的成本；②降低全产业链的成本，包括产业链上下游各节点内部的资源消耗、产业链各节点之间的物流费用、损耗、税收、交易费用等。

再者，从需方考虑，也是两个方面：①降低需方的获得成本，包括支付的货币成本、人力成本（时间、精力、体力），可能的风险成本和机会成本，以及可能消耗的其他社会资源（比如让好友陪同购物）；②降低需方的使用成本，包括使用期间的物质、精神和社会资源消耗、产品维护的花费和产品报废的处理成本。

1. 降低创造成本

产品创造成本是指创造产品过程中的全部资源代价。

具体就企业而言，就是生产经营的总成本，包括人力成本、物料成本、资金成本和其他资源的消耗代价。

企业可以通过各种经济、技术、管理等各种手段来降低这些资源消耗。以下是一些典型案例。

（1）典型案例：福特汽车生产流水线

福特公司建立流水线之前，汽车工业完全是手工作坊型的。每装配一辆汽车要 728 个人工小时，年产量大约 12 辆。这一速度远不能满足巨大的消费市场的需求，使得汽车成为富人的象征。

福特的梦想是让汽车成为大众化的交通工具。所以，提高生产速度和生产效率是关键。只有生产效率提高了，才能降低成本，才能降低价格，才能使普通百姓买得起车。

1913 年，福特应用创新理念，设计了世界上第一条汽车生产流水线。在汽车组装过程中，汽车底盘在传送带上以一定速度从一端向另一端前行，途中逐步装上发动机、操控系统、座椅、方向盘、仪表、车灯、车窗玻璃和车轮，很快，一辆完整的车组装成功。第一条流水线使每辆 T 型汽车的组装时间由原来的 12 小时 28 分钟缩短至 90 分钟，生产效率提高了 8 倍！[4] 见图 6-1。

（2）典型案例：Hirotec 通过物联网缩减非计划停机检修时间

Hirotec 是一家全球汽车零部件制造商，年收入超过 10 亿美元。该公司发现非计划停机检修会带来每秒 361 美元的巨大经济损失。Hirotec 的解决

图 6-1　福特汽车生产流水线

（图片来源：http://news.sina.com.cn/c/2010-04-30/073517446327s.shtml）

方案是在其工厂车间使用了基于物联网和云计算的技术，用来分析设备运行数据，通过机器学习等人工智能算法对系统故障进行预测和防范，以减少计划外的停机检修造成的损失。[5]

（3）典型案例：SpaceX 火箭回收

火箭发射成本非常高，发射一次动辄就是上亿美元。美国 SpaceX 公司发明的火箭采用垂直回收技术，使得火箭可以反复多次使用，极大地降低了火箭单次发射的成本。见图 6-2。

图 6-2　SpaceX 的火箭回收

（图片来源：https://cloud.tencent.com/developer/news/140773）

SpaceX 公司还在尝试回收火箭的整流罩，实现重复利用，以进一步降低发射成本。

（4）典型案例：众包

众包是指把一个大型项目分解成众多的小项目，然后通过互联网技术手段让用户分别去完成那些小任务。比如，数字地图公司需要大量的人力去现场核实建筑物或者单位的信息，就是通过众包的方法分给用户去完成，这样可以节约大量的人力成本。

有很多众包任务不提供报酬给承担小任务的用户，或者给的报酬很少。甚至很多情况下用户不知道承担了众包任务，软件自动把信息提交了。如导航软件会自动上传用户的位置、速度等数据，系统通过后台回传的数据加以分析就能及时了解各地的路况信息。

众包是互联网条件下节约生产运营成本的一大妙招。

（5）典型案例：远程办公、在家办公、移动办公

小型或者初办企业有时候会采用在家办公的方式，以减少办公场地的费用和管理成本的开销。

在异地有办公需求的单位，可以采用远程办公或移动办公的方式，通过互联网及时沟通总部和外派人员之间的信息，让距离不再成为业务的障碍。

（6）典型案例：择地建厂

在劳动力、能源、原材料、税收、土地成本比较低的地区建厂，在产业配套比较完善的地区建厂，或者是在物流交通成本比较低的位置建厂，以期获得较低的生产运营成本。

（7）典型案例：机器替代人工

富士康是一家规模巨大的代工企业，拥有 100 万名员工。近年，该公司开始研发工业机器人，并逐步计划在生产线用机器人代替部分工人，以降低生产成本。见图 6-3。

（8）典型案例：标准化和规模效应

无论是农业、工业还是服务业，采用标准化的生产方式通常可以降低成本，实现规模效应。

在农业领域，耕地的标准化便于机械化农机的使用；植株的标准化可以方便收获果实。这些都有助于降低农业生产的成本，提高农业生产的效率和效益。

在工业领域，标准化可以降低生产的复杂度，提高生产效率，形成规模优

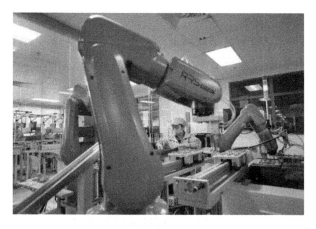

图 6-3   机器替代人工

（图片来源：http://tech.huanqiu.com/original/2016-05/8977264.html? agt=142）

势,并降低管理成本。

在服务领域,把客户千差万别的需求分成若干类别,为每一个类别提供标准化的服务,可以极大地提高效率和效益。

（9）典型案例：简化设计,减少材料消耗

很多产品的设计在进行美化的同时,对产品进行了简化,以降低材料的消耗。比如椅背,如果把平板式设计改成条栅式或者多孔式设计,既美观又节约了材料消耗,降低了生产成本。见图 6-4。

图 6-4   镂空椅背

（图片来源：https://www.51pla.com/html/sellinfo/114/11472897.htm）

（10）小结

除了降低产品创造者一方的成本以外,还要整个产业链的通力协作,才能更好地降低总的供应成本。下面就降低产业链成本进行讨论。

2.降低产业链的成本

现代社会与小农经济时代自给自足的模式不同,其特点是分工明确,几乎所有的产业或社会活动都需要由不同组织和个人来协同完成。产业中的上游节点为下游节点提供资源,构成了一条或者数条供应链形成的树状系统,最终用户是这棵供应链树的根节点。节点和节点之间可能存在管理成本、物流成本、交易成本、税收成本等资源消耗。

产业链高效整合是现代成本控制的新思维,立足于整个产业链的高效率,加快资金和商品的周转,以适应不断变化的市场,成为市场的快速反应者。产业链高效整合就是以更高的效率走完产品设计、原料采购、生产制造、仓储运输、批发经营和终端零售的全过程,从而获得两个优势:①供应总成本优势;②快速反应优势。前一个优势可以使企业在竞争中以较高的性价比取胜,后一个优势可以使产品提供者迅速适应市场的变化,满足客户多变的需求。

(1)典型案例:宜家供应链战略

宜家既有便宜的价格,又有优秀的产品。而这两者能够统一,正是因为宜家所采用的独特的成本领先策略,宜家的成本压缩与质量控制可以做到非常严格、精确,设计、生产、渠道、终端,每一个环节都进行精心的设计以控制成本,而且还能保证优秀的质量,这就是宜家独到的供应链战略。

宜家采用以下策略:①全球化采购策略;②严格把关生产厂家的质量;③加强与供应商之间的计划协调;④平板包装大大降低了物流成本;⑤标准化仓储,宜家的仓库货位架、托盘等尺寸结构都有严格的尺寸标准,减少装卸时间,从而降低物流成本,效率也更高;⑥优化的运输方式,多采用船运、铁路或公铁联运的方式作为货运的主要途径,以降低运输成本。[6]

(2)典型案例:代工

代工生产方式,顾名思义就是产品提供方自己不直接制造产品,而是利用自己掌握的核心技术,主要负责设计和开发,具体的加工任务交给别的企业去完成的方式。可口可乐、苹果等国际巨头均采用这种方式生产产品。

而制造企业,如富士康等加工企业,利用自己的规模和成本优势,可以高效率地完成产品生产,可以为苹果、小米等各个品牌代工。

这种产品设计、制造、销售等单位的产权分离、不属于同一主体的经营方式已经渗透到各个行业,使产业链的各个不同环节都能够发挥它们各自的长处,整合的结果是效率的提高和产业链总成本的降低。

（3）典型案例：卖家供应商控制库存

如果你是一家超市的老板，要操心很多烦恼的事，尤其是要每天查看哪些货缺了，要补充，哪些货积压了，下次少进一点。

用卖家控制库存的方法就可以让零售商不再有这个麻烦。零售商可以把自己的库存控制任务交给供应商来管理。

供应商会根据零售商商品动销的速度和物流成本等多方面综合考虑，合理安排货物配送计划。供应商肯定不会让商品断货，因为断货会减少它的销售收入；供应商也不会给零售商发太多的货，因为商品积压会给他带来资金的积压。

卖家控制库存可以使生产计划、供货周期、物流安排得到优化，提高供应链的效率和效益，有效降低整个供应链的成本。

（4）典型案例：丰田准时制（Just In Time，JIT）生产方式

JIT生产方式是丰田公司发明创造的一项生产管理方法。简单地说，就是生产线上每一个工位需要的零部件只在需要时及时提供，以尽力减少原材料库存。不仅仅是企业内部如此，上下游企业之间也是如此，物料只在需要时到货。冗余库存量和用于缓冲的衔接时间被降低到了最低的限度。[7]

（5）典型案例：DELL公司按需生产电脑

DELL公司和别的公司不同，它的电脑生产计划不是按季、按月提前制定的，而是按照市场的需求及时进行调整和安排。

消费者在网上订购DELL电脑时，不仅能够选择自己喜欢的型号，还能够在这个型号的基础上修改电脑的配置，比如调整内存大小，更换CPU规格，扩大硬盘容量等等，如同自己DIY一样。

DELL这个体系不仅仅有利于消费者，也有利于厂家。按定制生产，产品库存积压就不会出现了。同样，这个体系也会倒逼上游零部件厂商及时调整生产供应计划，减少盲目生产带来的资源浪费。

（6）小结

降低产业链的方法还有很多，前一章讲到的淘宝配送体系和菜鸟网络，也是降低了网购产业链中配送环节的成本。

外卖配送也是降低餐饮产业链成本的另一个典范。

3.降低获得成本

在菲利普·科特勒的《市场营销：原理与实践》中写道：消费者的总成本包

括货币成本、时间成本、体力成本和精力成本。[8]

本书作者认为,**需方的获得成本,不仅仅包括支付的货币成本、人力成本(时间、精力、体力),也包括消耗的其他社会资源(比如让好友陪同购物)以及心理成本(担忧、顾虑等)、可能的风险成本和机会成本。**

降低用户的获得成本就是要从这些方面出发,努力减少用户的资源消耗。

(1)典型案例:电子商务

网购能够给消费者带来的好处有很多。网购的商品价格通常比实体店要低一些,这是货币成本的节约。消费者在网购时,可以非常方便地根据需要和喜好挑选商品,不用一家一家跑商店进行比较,这样就显著节约了时间成本、精力成本和体力成本。

综上,网购可以节约货币成本、时间成本、精力成本和体力成本。这样,与实体店的总成本差距就一下子拉大了。同样的商品,消费者自然会选用成本低的网购渠道。

(2)典型案例:一口价

Yahoo公司是最早在互联网上进行商品拍卖的,可谓电子商务的鼻祖。后来eBay的C2C业务也采取拍卖这个模式,就是说买家可以竞价。淘宝开业初期,也是采用拍卖这个模式。

但是后来,拍卖这个模式逐渐被"一口价"代替了。为什么?原因有二:

第一,拍卖流程比较复杂,管理成本比较高,而且只适合一锤子买卖,交易笔数比较多的时候拍卖方式就难以适应。而"一口价"的管理简单,无论货品多少,订单多寡,都能够从容应对,这是客观的方面。

第二,"一口价"可以降低买家的心理成本。人们讨价还价其实是怕在购物时被欺负了,受到不公平的待遇,感觉不还价会吃亏,这是一种心理焦虑。而采用"一口价",虽说价格不一定合理,但是起码它公平,对所有的顾客都一视同仁,所以买家的焦虑会减少,心理成本大大降低了。

(3)典型案例:总承包

如果产品是一个复杂系统,总承包是降低用户获得成本的有效办法。

无论是单位造房子还是个人装修,通常都会采取总承包的方式将整个工程委托给乙方。因为用户(甲方)通常没有能力来组织实施这个施工过程,而且自己组织施工,先不说时间精力体力的消耗,就经济上而言,总的材料购买成本+人工费用,也会比总承包商的报价更高。因为承包商更专业,他们可以更加有效地组织生产,材料购买成本也会更低。

当然,总承包不等于对施工过程不管不问,为了防止乙方偷工减料,监督管理措施还是非常必要的。可以请专业的第三方监理帮助进行施工监督,以维护甲方的利益。

（4）小结

降低获得成本,对需方来说是成本的降低和性价比的提高;对供方而言是市场需求数量和市场份额的提高,互利互惠。一个成功的商业模式,一定能够提供给供需双方更多更好的利益。

4.降低使用成本

用户获得产品以后,要让产品发挥功效,多数情况下还需要进一步投入资源;当产品寿命结束之时,可能需要加以处理,又可能会增加一笔费用。这两者之和统称为使用成本。降低使用成本就是减少产品使用周期全过程的资源消耗。

（1）典型案例:变频空调

变频空调是在常规空调的结构上增加了一个变频器。压缩机的转速直接影响到空调的使用效率,而变频器就是用来控制和调整压缩机转速的控制系统,使之始终处于最佳的转速状态,从而提高能效比。变频空调的压缩机不会像常规空调一样开开停停,比常规的空调可节能至少 30%。[9]

（2）典型案例:汽车节能

曾经,欧美产的汽车耗油量非常大,但当时原油只需要 3 美元 1 桶,汽车燃料的成本相对较低,所以消费者对汽车的油耗费用并不敏感。

当石油危机到来时,石油价格暴涨,人们使用汽车的燃料成本迅速上升。日本各家汽车公司与时俱进,及时开发了低油耗的产品,迅速打开了欧美市场。从此,日本汽车开始行销全世界。

然后,丰田公司又率先开发了油电混动汽车,可以把汽油发动机的多余能量储存为电能,并智能调配采用汽油发动机还是电动机作为汽车的动力源,有效地节约了汽车的综合能耗。

（3）典型案例:节能住宅

人类的祖先从树上转移到洞穴,接着又开始搭建自己的居住空间,无疑是为了改善自己的居住条件。

空调、地暖等的使用进一步改善了居住的条件,使得房屋的室内温度比较舒适。但是,这需要消耗大量的能源。

采用节能技术建造的房屋,具有较好的保温功能,再加上特殊的通风设计,使得房屋在一定程度上具有冬暖夏凉的效果,极大地降低了建筑物的能耗。

(4)小结

降低用户的使用成本不会直接给供方带来利益,但会给用户和社会带来好处,从而使产品更加受到欢迎,给供方带来声誉的提高和拥趸者的增加,形成一个良性循环。最终,产品的创造者也会得益于此。

二、创造价值

现代营销学认为,顾客从商品中得到的总价值包括产品价值、服务价值、人员价值和形象价值[8]。作者认为,这个说法值得商榷。

首先,把产品价值和服务价值并列不一定合适。如果产品是实物,把产品价值和服务价值并列是有道理的。产品的价值就是实物产品功能带来的利益,服务价值就是实体产品附带服务带给顾客的利益。但是如果产品本身就是服务,那就有问题了,其价值到底应该归属于产品价值还是服务价值?

其次,人员价值。人员有可能是产品本身的组成部分,如演唱会上的歌星;也有可能是服务的一部分,如飞机上的空姐、餐厅的服务员。这些"人"的价值本应分别归属于产品价值和服务价值。更何况,有些情况下消费过程很少有"人"的介入,比如网上付费游戏,其"人员价值"就难以体现。

上述理论之所以出现矛盾和缺陷,主要由于它是基于传统的商品和传统的商业模式所产生的。在网络时代新的市场环境下,作者认为,**产品的价值应该包括功能价值、形象价值、情感价值和社会价值四个方面。**

其中:

功能价值是产品最基本的价值,是产品功能给用户带来的直接利益,包括产品本身的功能价值和附带服务的价值;

形象价值是指产品给用户带来外在改变的价值;

情感价值是指产品给用户带来情绪或感觉上变化的价值;

社会价值是指产品能够给用户带来的社会利益。

产品创造者只有提供具有更多更有价值的产品,才能更好地为社会所接受,才能获得更多的经济利益回报。以下就上述四个价值分别进行探讨。

1. 创造功能价值

无论是实体的产品还是虚拟的服务,消费者得到的主要是产品功能的价值。比如,我们买一支笔,其实我们要的是写字的功能。但功能是不能单独存在的,必须依赖于产品这个载体才能实现。

如果产品是实物,那么功能价值就包含了产品附带服务的价值。无论用户购物得到的是安装、维修、保养还是培训服务,都是产品不可分割的一部分。因此,产品附带服务的价值都属于产品功能价值。

如果产品本身是纯服务,那么这个服务带给顾客的利益就是这个产品的功能价值。

创造功能价值,可以从两个方面思考:一个是创造更好的功能,使其能够向用户提供更多的利益;另一个方面是创造更多的功能,使产品具有多种效用。

(1)典型案例:带拉杆的书包

书包原本的作用是用来储存书本和文具的。但是人们在使用过程中发现,过大的负载还是会对使用者造成不小的负担,于是人们给书包附加了拉杆和轮子,可以大大减少孩子们的负担,这样一个简单的结构就给了书包一个附加的使用价值,增加了便携性。见图6-5。

图 6-5　带轮子的书包

(图片来源:https://baijiahao.baidu.com/s? id=1610752217433301855&wfr=spider&for=pc)

(2)典型案例:智能手机

人们发明电话是为了实现远距离即时沟通的需要。随后人们发明了移动电话,又使人与人的沟通由"随时"拓展到了"随地"的程度。

到如今,手机已经开发出更多附加功能,从简单的计算器功能,到丰富多样的娱乐功能、信息查询、网络购物……。随着附加的项目增多,手机的使用价值也在提升。

（3）典型案例：打印/复印/扫描/传真一体机

图 6-6 是一款多功能打印机。它除了能够完成打印任务以外，还具有复印、扫描、传真等功能，极大地方便了用户，提高了办公效率。

图 6-6　多功能一体机

（图片来源：http://detail.zol.com.cn/all-in-one_printer/index1161432.shtml）

（4）典型案例：功能饮料红牛

饮料的主要功能是解渴。而红牛别出心裁，首创功能饮料这一新品类，使它兼具提神醒脑的功能。见图 6-7。

图 6-7　红牛饮料

（图片来源：https://baike.baidu.com/item/红牛能量饮料/15715547？fr=aladdin）

从此以后，功能饮料一触而发，冒出了很多新品种，如多糖类饮料、维生素饮料、矿物质饮料、运动类饮料、益生菌饮料、纤维素饮料、低能量饮料等。

（5）典型案例：有氧洗衣粉

有氧洗衣粉成分中含有少量的过碳酸钠或过硼酸钠。过氧化物在温水中会释放出氧离子，能帮助洗衣粉中的主要成分去除多种难洗的污垢，大大提高了洗衣粉的去污效果。

（6）典型案例：压缩饼干

压缩饼干和普通饼干一样是面粉制作的，但是质地比较紧密，其中可以补充体力的有效成分在相同的体积下含量更多，所以吃了以后更加不容易饥饿。

（7）小结

产品的功能价值是基础，是产品的核心价值，是得到用户喜爱的根本原因。但是，产品只有功能价值往往是不够的。以下进一步探讨产品提供给用户的形象价值、情感价值和社会价值。

2. 创造形象价值

前面说了产品的功能价值，是指产品功能带来的利益和效用。产品的功能是不能独立存在的，必须依附于产品的载体。也就是说，没有看得见摸得着的实体笔，我们无法得到或运用写字的功能。

这里就出现了一个问题，这个作为功能载体的实体部分，是不是也具有价值？当然有！

比如一支笔用料考究，设计精致，我们会觉得这个载体本身就值钱。这个价值就是产品的形象价值。派克金笔和普通笔的写字功能可以说是一样的，但是其价格远远高于一般的笔，就是因为它能够提供独特的形象价值。

产品的形象价值是外在的，它可以改变他人对产品使用者或拥有者的看法。人靠衣装，就是这个道理。穿着不仅仅是为了遮羞和保暖，更可以改变穿衣人的形象，从而改变旁人对他人的看法。

创造形象价值最常见的方法就是改变产品的外观设计，包括改变产品的形态、式样、颜色、尺寸、包装等。

在营销领域，经常会提到"品牌价值"这个词。品牌也能够烘托或提升产品的形象。因而，产品的品牌价值也是产品形象价值的一部分。

（1）典型案例：装饰类吊灯

图 6-8 这盏吊灯是用来照明的吗？是，又不完全是。它可以使这个客厅显得更加富丽堂皇，也就是说它具有很强的形象价值。

（2）典型案例：奔驰汽车

奔驰汽车是高端豪华车型的代表之一，凭借大气稳重的外形以及奢华的配置，博得了不少成功人士的喜爱。奔驰能够给人以尊贵、豪华、霸气的形象。见图 6-9。

（3）典型案例：LV 包袋

LV 以卓越品质、杰出创意和精湛工艺成为时尚艺术的象征。挎上一个 LV 包包，会给女生或女士们更多的自信，彰显典雅，暗示主人的身份和财力。见图 6-10。

图 6-8　吊灯

（图片来源：https://www.zxzhijia.com/Info/zhishi/41723.html）

图 6-9　奔驰汽车

（图片来源：http://www.ycnews.cn/wtx/qcjz58241/show-6376723.html）

图 6-10　LV 包

（图片来源：https://www.louisvuitton.cn/zhs-cn/homepage? campaign＝sem_BaiduPCPPC_EC-BRAN-BREX_LV_homepage）

（4）小结

奢侈品的功能价值并不比普通商品更强，比如 LV 包袋未必一定能够装更多的东西，奔驰汽车作为代步工具功能与其他汽车无异。但是奢侈品能够比一般商品多卖上几倍、几十倍甚至几百倍的价格，就是因为它具有比一般商品高得多的形象价值。

3. 创造情感价值

关于产品设计中的情感因素，将在第七章情感导向的应用和案例中展开详细讨论。但是情感价值是产品价值的一个分支。为了体例的完整，还是在此列出若干创造产品情感价值的典型案例。

（1）典型案例：明星代言

某些产品请当红明星代言就是看重明星对粉丝的引导作用，也可以说是抓住粉丝们爱屋及乌的心理。比如，华为请胡歌代言其产品，在没有其他考量的情况下，作为胡歌粉丝的消费者就更有可能倾向于购买华为手机。

（2）典型案例：卡通牙刷

刷牙是一件不讨人喜欢的事，尤其对于儿童来说更是如此。于是，卡通牙刷就应运而生。这一类牙刷都具有可爱的卡通造型，小朋友一看就喜欢。这样小孩子也就比较容易喜欢上刷牙，培养起良好的卫生习惯。见图 6-11。

图 6-11　儿童卡通牙刷

（图片来源：https://detail.tmall.com/item.htm? spm = a230r. 1. 14. 28. 503824d1SthIoG&id=583591135638&ns=1&abbucket=10）

（3）典型案例：钻戒

"钻石恒久远，一颗永流传。"钻戒，寓意坚贞的爱情和生命的永恒，通常是订婚、结婚仪式上必备的赠礼。钻戒的情感价值其实是由商家百余年来不断宣传而塑造的，但现在已经成为社会公众的共识。见图6-12。

图6-12　钻戒

（图片来源：https://www.crd.cn/qiuhun/15539.html）

（4）小结

如同产品的形象价值一样，情感价值也能够使商品增值。具有较高情感价值的产品，还能够获得更多的商机。

4. 创造社会价值

很多产品能够给用户创造社会价值。如教育培训产品的受众，不仅可以增加知识，提高技能，还能够增强自己在职场的竞争能力，这就是教育培训类产品的社会价值。

本书定义的"产品"范畴很广，包括政府指定的法律法规制度等。这些无疑都会对社会产生重大影响，创造社会价值。

（1）典型案例：名校的学历教育

拥有名校的学历证书，无疑是一个成功率较高的职场敲门砖。无论是海外的哈佛、牛津，还是国内的清华、北大，其毕业生总是受到用人单位的青睐。

EMBA教育项目则更为典型。学习过程中得到的社会实践机会和人脉资源，使得EMBA学员从中获得的社会价值可能远高于他获得的知识和技能的价值。见图6-13。

（2）典型案例：举办大型活动

举办奥运会等大型活动，未必一定能取得经济上的直接利益，但是对举办地具有全方位的社会促进作用。比如，2016年G20峰会在杭州举办；2022年，杭州还将举办亚运会。这些活动对提升杭州市的城市形象、品牌知名度、市政建设等多个方面产生了深远的影响。见图6-14。

图 6-13　浙江大学 EMBA 移动课堂

（图片来源：http://biz.zjol.com.cn/05 biz/system/2013/10/16/019648428.shtml）

图 6-14　杭州 G20 峰会海报

（图片来源：http://www.dzwww.com/xinwen/guoneixinwen/201609/t20160906_14873831.htm）

（3）典型案例：经济适用房和廉租房

经济适用房和廉租房是政府面向中低收入和低收入人群提供的具有补贴性质的住房。这些政策一方面带有社会福利性质，可以改善他们的生活条件；另一方面有平抑商品房市场价格的作用，以避免过高的劳动力成本产生挤出效应，把企业、投资人和劳动者吓跑。这就是住房政策的社会价值。

（4）典型案例：孵化器

孵化器是帮助初创企业成长的摇篮。绝大多数政府创办的孵化器会提供免费入住、税收减免等优惠措施，并不是为了追求直接的经济回报。而对于企业创办的孵化器，政府也会给予补贴或税收优惠政策。

从政府角度来看，它需要帮助一大批创业种子生根发芽、健康成长，从而促进经济和就业的持续增长。孵化器的回报是宏观的、长远的社会利益。

（5）典型案例："大众创新、万众创业"

政府提倡号召"大众创新、万众创业"，推出鼓励创新创业的一系列政策，既可以促进经济发展，提供更多的就业机会，又可以推动社会技术进步，实现产业转型和产品升级换代。

"双创"活动还有一个不易引起人们注意的社会价值，那就是无论创投项目成功还是失败，它都能把投资人原本沉淀的资金转化为对生产资料和消费资料的需求，增强了企业的生产能力和员工的消费能力，加速了经济的运转，提高了整个社会的经济效益。

（6）小结

产品提供的社会利益还包括环境、公益等许多方面，将在第八章展开深入的讨论。

三、满足需求

满足用户需求是产品的立身之本。以下从提供有效需求、发现供需缺口和激发潜在需求三个方面来讨论。

1. 提供有效供给

以下对第三章的冰山模型（图 3-1）进行进一步的阐述。

如图 6-15，显性需求处于需求冰山的最上层，容量有限。因为是显性的，所以市场上的产品供应商都知道，竞争激烈，往往会成为一片红海。

但是红海中可能也蕴含着商机，那就是提供比竞争对手具有更好性能、更多功能、更高质量、更美设计、更低价格的产品，也就是提供更加有效的产品。

（1）典型案例：格力空调

格力空调为什么能够占据市场首位，就是在于它的产品技术强、质量好、能耗低、口碑佳，尽管格力空调是国产品牌中最贵的，但是还是受到消费者的喜爱。

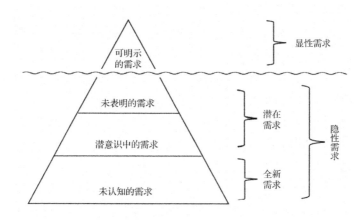

图 6-15　需求的冰山模型

（2）典型案例：华为手机

华为手机在国内品牌中是卖得最贵的，有些产品甚至比苹果、三星都要贵。但是，现在华为手机颇受欢迎。华为新开了很多线下体验店，里面经常是人头攒动，这充分说明华为手机在某些方面能够更好地吸引消费者。

（3）典型案例：供给侧改革

近几年，中央的经济政策中有一项非常重要的内容，那就是供给侧改革。中央希望通过这个政策的实施，调整经济要素供给的有效性，以实现国民经济的高效率和资源的低消耗。

（4）小结

提高供给的有效性，或者是提供有效的产品，是一项长期而艰巨的任务。曾几何时，苹果公司的供给也是高度有效的，但是现在它的供给有效性下降了。用户的需求永远是多变的。企业在市场潮流中，不进则必然后退。

2. 发现供需缺口

如图 6-15 的冰山模型，水面下有着巨大的需求冰山。这里讨论第二层的未表明需求和第三层的潜意识需求。这两个合起来就是潜在的需求。

产品创造者需要进行认真深入的调查研究，了解用户的内心世界，以发现他们真正向往的东西。那些沉没在水下的需求，就是一片浩瀚的蓝海。

（1）典型案例：拼多多

拼多多的突然崛起，出乎人们的意料。本来，电子商务领域的竞争已经非常激烈，是一片红海。著名的电商企业除了淘宝、天猫、京东以外，还有苏宁、当当、亚马逊,以及唯品会、一号店等。

拼多多在这片红海之外发现了一抹蓝色,那就是中国有一大批低端的消费者和低端的供应商被排除在电商体系之外,亟须一座桥梁来沟通这些低档次的供方与需方。拼多多瞄准这个定位,只用了三年,就占据了电商零售行业5.2%的市场份额,极大地震撼了阿里、京东等巨头们。

当然,当拼多多异军突起取得成功以后,淘宝、京东也开始发力推进市场下沉,低端市场又变成了一片红海。

(2)典型案例:顺风车

开车上下班的上班族,经常是一个人开一辆车前行。很自然地会想到这是一个浪费,要是能够顺路捎带一个人,既提高了社会效益,降低了人均能耗和污染排放,又可以让乘客分担一部分费用,利国利己利人,何乐而不为?

这就是一个典型的潜在需求。之所以以前社会上自发的顺风车现象很少,是因为开车的和坐车的匹配很困难,而且双方都有安全、责任等顾虑。

滴滴公司看到了这个潜在的需求,就搭起了一个网络约车平台,为顺风车供需双方提供了方便的预约沟通条件。滴滴公司还设计了统一的计费规则,避免了驾乘双方在费用上的矛盾。于是,市场的需求被激发了,顺风车迅速成为一个普遍的社会现象,滴滴公司也从中得到了巨大的经济利益。

(3)小结

从 iPhone 5S 的土豪金到拼多多,再到顺风车,并不是技术上的重大突破,而只是有心人通过对用户的深入了解,知晓了人们到底需要什么,市场到底缺什么,然后及时创造有效需求,填补这个供需缺口。

3. 创造全新需求

创造全新需求对应着冰山模型的最底层。那是用户完全不会想到的需求,因为市场上从来就没有这一类产品,他们也就没有对这个产品形态和功能的认知。

任何一个全新的产品形态的出现都属于创造全新需求。比如电影、电视、汽车、飞机、计算机、移动手机等的首次推出。

就不一一举例了,各位自行脑补。

结　语

本章第一小节提到过，电子商务能够降低用户的获得成本，所以短短十几年就占领了零售业的大片份额。那么，它会一统天下，会彻底淘汰实体店吗？不会！因为在提供情感价值等方面，网购的体验永远比不上实体店。

下一章将介绍有关产品创新的情感导向思维。

 **思考题**

1. JIT 生产方式有什么缺点？

2. 举出降低用户获得成本的 10 个案例。

3. 举出降低用户使用成本的 10 个案例。

4. 有人说产品的形象价值也是产品的功能之一，你怎么看？

5. 举出创造社会价值的 10 个案例。

6. 举出创造全新需求的 100 个案例。

7. 运用第二章的前六个思维方法，提出十个创造更新、更多、更好价值的产品创意。需要写明思维过程。

8. 运用经济导向的创新原理，对 10 件市场上已有的 IT 产品（软件、硬件、虚拟产品均可）提出你的改进建议，并说明你的创新思路。

9. 提出 5 个全新的产品概念（市场上没有同类产品），说明产品的用途、价值，分析目前技术和市场条件是否已成熟，如果不成熟那么其瓶颈是什么？

◎ **参考文献**

［1］马克思.资本论（第三卷）［M］.北京：人民出版社，1974

［2］张五常.经济解释（卷二）［M］.北京：中信出版社，2011

［3］CCA 中国成本协会.CCA2101：2005 成本管理体系术语［M］.2005-11-01

［4］https：//baike.baidu.com/item/福特生产流水线/4122269？fr＝aladdin

［5］http：//www.cww.net.cn/article？id＝406491

［6］https：//baike.baidu.com/item/宜家/182700？fr＝aladdin

［7］大野耐一.丰田生产方式［M］.北京：中国铁道出版社，2006.

[8]菲利普·科特勒.市场营销:原理与实践[M].16版.北京:中国人民大学出版社,2015.

[9]陈庆.LJ公司变频器营销策略研究[D].中国海洋大学,2013.

第七章　情感导向的应用和案例

本章导读：

这一章探讨情感导向的创新创意思维方法。分为倾向于外在感受的情感导向和倾向于内在感受的情感导向两大类，新奇、趣味、艺术、意境、氛围、文化、时尚和情绪、感情、体验、人性化、个性化共 12 个创新创意思想方法。

按照马斯洛五个需要层次的理论，低层次需要满足以后，人们更加关注高层次的需要。现今社会，物质上的基本要求普遍能够得到满足，越来越多的人开始追求情感上的满足。由此，开辟了一个情感导向创新思维的广阔天地。

情感是泛指人的一切感官的、机体的、心理的以及精神的感受[1]，是人对现实的一种态度，它表现在与人的个性、道德经验等有关的各种体验之中[2]。

情感的作用主要表现为四个方面：(1)情感是人适应生存的心理工具；(2)情感是能激发心理活动和行为的动机；(3)情感是心理活动的组织者；(4)情感也是人际沟通交流的重要手段。[3]

本章将探讨在产品开发设计中，如何运用各种情感要素，激发用户的需求，加强用户的感受，提高用户的获得感和价值感，以获得产品创造和推广的成功。

以下内容将对倾向于外在感受的情感导向和倾向于内在感受的情感导向两个大类进行展开。

一、倾向于外在感受的情感导向创意思想

外在感受的情感，一般能够被人感觉得到，且每个人的感受基本相同，容易形成共识。针对外在感受的情感创意包括新奇、趣味、艺术、人性化、氛围、文化、时尚等思想。

1. 新奇

新奇，或者说新奇特，顾名思义，可以直接理解为新颖、奇怪、特别，也可以进一步理解为新品迭出、奇思妙想、特有个性。新奇产品创意是在保持产品的原有功能基础之上，改变其外观造型，使之更适应市场潮流，甚至引领潮流走向。新奇产品能让生活品位提高，在张扬个性的时代，更加彰显其优越性。[4]

新奇产品主要是面向儿童或者青年消费者，这类消费者更容易接受新鲜事物，更倾向于挑战传统，也有着更前卫的消费观念，特别是玩具周边这一类的产品。当然也不排除一些经典品牌为了吸引新消费者或者刺激旧消费者而采取创新，从而提高自己的经营利润。

新奇产品在生活中的运用十分常见，新奇的生活产品不仅能给消费者带来一种独特的感觉，产品的新奇设计往往还能使我们的生活更加方便。

（1）典型案例：创意口袋饮水机

饮水机给大家的印象一般都是比较笨重的了，但是你有没有想过可以将饮水机放在口袋里呢？这是一款放在口袋里的饮水机，尺寸仅为 5.8cm×10cm×18.8cm，高度和 iPhone 8Plus 差不多。见图 7-1。

图 7-1 口袋饮水机

（图片来源：http://i. biopatent. cn/archives/48038）

这款创意口袋饮水机是专门为经常性出差旅行的人而设计的。人们外出时并不是所有地方都会提供热水，而且在酒店居住时，考虑到卫生状况有人不会使用酒店的热水壶。这款创意口袋饮水机可以快速地满足人们的需求，只需要把矿泉水装上，按下开关，3秒即可以出热水，省时省力，还可以设定出水温度。[5]

（2）典型案例：独轮自行车

在人们的印象中，自行车往往是两个轮的，那么，你有没有见过一个轮的自行车呢？骑独轮车是一种小众爱好，独轮车在使用上更偏向健身器材而不是交通工具。它对骑行者的平衡能力要求极高，独轮车比其他运动更能促进青少年小脑发育，从而带动大脑发育，甚至可以被看作是一种益智活动，在锻炼身体的同时，明显提高智力。[6]见图7-2。

图7-2　独轮车

（图片来源：http://www.suning.com/bigimages/148945404.html）

（3）典型案例：玻璃栈桥

玻璃栈桥是由钢化玻璃凌空高架在悬崖峭壁或峡谷地带上形成旅游观光悬空透明步行通道，自从某地玻璃栈道游客一夜爆满，景区一战成名后，全国各地玻璃栈桥景区如雨后春笋，已经成为中国游客最喜欢的旅游项目之一。玻璃栈桥之所以会引起惊奇大概与玻璃在人们的心中一向是脆弱的认知有关，所以觉得新鲜、好奇，再加上感官上的刺激，非常能够吸引游客一探究竟。见图7-3。

（4）典型案例：麻绳小凳

绳子在人们印象中往往是柔软的，而凳子在人们印象中往往是坚硬的，那么，你有没有坐过用麻绳制作的小凳呢？这听起来似乎不太现实，因为麻绳并

图 7-3　玻璃栈桥

（图片来源：http://www.oushinet.com/ouzhong/ouzhongnews/20171019/275452.html）

不具备足够的支撑力能够支撑人体。但现实中还真的有麻绳小凳，由普通的麻绳制成。设计师将普通的麻绳蘸上一种树脂胶，再用模具辅助定型，外形简朴大方，极具自然风格。在功能上，麻绳小凳完全可以支撑一个成年人的质量，具有良好的稳定性，坐上去还非常舒服。[7] 见图 7-4。

图 7-4　麻绳小凳

（图片来源：http://www.333cn.com/industrial/img201108102139000.jpg）

（5）典型案例：旺仔系列家具

旺旺，是很多 80 后、90 后记忆中一种特别的存在，旺旺雪饼、旺仔牛奶，还有旺仔大礼包，都是童年回忆。而如今旺旺集团推出的家具系列，正是利用了新奇这一产品创新思想。充满旺仔小馒头的座椅不仅勾起了许多人的回忆，同时充满童趣的家具也会让小朋友们对旺仔这一品牌有一个全新的认知。见图 7-5。

图 7-5　旺仔沙发

（图片来源：http://www.ccreports.com.cn/show-1-21068-1.html）

（6）典型案例：风暴瓶

风暴瓶（Storm Glass）是一种天气"预报"工具，是当年小猎犬号的指挥官罗伯特·菲茨罗伊陪同查尔斯·达尔文进行航行时发明的。密闭的玻璃容器中，装入数种化学物质组成的透明溶液，通常包括蒸馏水、乙醇、硝酸钾、氯化铵和樟脑。根据外界温度的改变，瓶内会展现出不同形态的结晶，"预报"天气的变化。[8] 见图 7-6。

现代研究证实，温度是影响瓶内结晶形态的最主要因素；与天气的对应关系几乎成随机分布，无预测价值。虽然不能用来预报天气，但天气瓶随着外界温度展现出多变的晶体变化，仍可作为一个美丽的装饰。也可作为有趣的科学教材，学习溶液的配置与结晶行为。

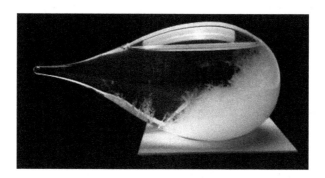

图 7-6　风暴瓶

（图片来源：https://baike.baidu.com/item/天气预报瓶/7787313？fr＝aladdin）

（7）新产品设想：电脑播报时间机械鸟

问题来源：我们在玩电脑或者用电脑工作的时候，往往会因为过于投入而忘记了时间，造成眼睛干涩、疲劳甚至引发健康问题。电脑的时间显示在电脑屏幕的右下角，非常不显眼，容易被忽视。而在传统钟表中，自鸣钟无疑非常夺目，只要到点就会响起钟声并弹出装置提醒人们。因此，我们能否模仿自鸣钟来设计一个控制电脑使用时间的装置呢？

新产品设想：我们可以设计一个夹在笔记本电脑顶上会播报时间的小鸟，在规定的用眼时间，比如半小时，一小时，会跳出来，提醒主人应该休息一下眼睛，站起来活动一下。

（8）小结

产品创新之新奇主要是指把握消费者的猎奇心理，利用人们对事物的新鲜感实现产品创新。我们都知道，消费者往往对产品和事物都有着传统的印象，而新奇主要是指产品在消费者面前呈现出一种与消费者脑海里的印象所不一样的形象或者功能。

2. 趣味

随着社会的发展，人们开始渴望自身的情感需求、自我意识得到重视，日常生活变得更加丰富多彩。这一切给产品设计带来了新的设计要求，功能简单、使用简便的产品不断激发着设计者们的设计激情，给这些简单的产品赋予一种人为创造的趣味，设计师必须寻求合适的途径使自己的产品能充分引起消费者的注意，在众多同类产品中迅速脱颖而出。[9]

在产品创新创意中，趣味的产品需要设计者将想象力与创造力等新鲜有趣的元素融入产品设计之中，增加产品体验的趣味性。趣味产品往往具有较高的亲和力，在引发人们猎奇和振奋的心理下，让人们更容易被这种产品打动，欣赏独特的美。

那么什么是趣味呢？康德在对趣味的定义中，把趣味划分为反应的趣味（Gustus reflexus）和反思的趣味（Gustus refletens）[10]。现代汉语字典对趣味的解释是兴趣、意味。[11]

产品趣味化设计包含"本能的、行为的、反思的"三种层次的趣味。[12]

本能的趣味：本能水平的设计来源于产品的物理特征，以视觉、听觉、触觉、味觉和嗅觉五感为基础。[12]

行为的趣味：行为水平集中反映在人机互动过程，涉及产品的使用方法、功能、易用性和使用的乐趣。[12]

反思的趣味：反思水平的设计突出产品的形象，注重使用者的自我认同、自我形象，以及由产品所带来的对过去的记忆和对未来的思考。[12]

谈到趣味设计，首当其冲的一定是卡通产品，随着互联网的发展和消费升级迭代，卡通产品受到越来越多不同年龄层群体的喜爱。特别对于年轻人来说，喜欢卡通产品或许是为了满足小时候的"童真"愿望，还是寻求另一种精神寄托，会带来情绪上的好感。

趣味产品在日常生活中的运用也十分广泛。一般说来，在视觉上的冲击最容易给人新奇的趣味，主要包括物品外形的独特、色彩的明亮鲜艳。生活中的产品往往能激发人们把自己的情感寄予物品，外形拟人的物品更容易给人们亲近的感觉[13]。让人们在使用产品时候能自然而然地产生一种愉悦的感情。

（1）典型案例：趣味运动会

为了进一步提高员工素质，倡导绩效团体，营造和谐氛围，构建成功企业，现阶段很多企业都会开展团建活动，如趣味运动会就是一项不错的团建项目。见图 7-7。

图 7-7　趣味运动会

（图片来源：https://www.npicp.com/album/11072819.html）

（2）典型案例：表情包桌面收纳柜

表情包有种神奇的魔力，看着看着就会让人心情变好，聊天的时候语塞了，发一个表情，一切尽在不言中，你有没有想过在实际生活中看到它呢？桌面收纳柜 Kyotomoji 就是一款设计成表情包形状的收纳柜，充满了日系风格，你可自由选择面板的面料、颜色、表情，搭配出一个属于自己的表情包收纳柜。

Kyotomoji总共有四个独立的存储空间,有三个空间被设计成表情包的眼睛和鼻子,还有一个被设计在盒子的顶部。为了与生活更为贴近,设计师还为Kyotomoji设计了导线槽,让智能手机更有归属感。如此可爱又实用的收纳柜,不论放在哪里都是一道靓丽的风景线。[14]见图7-8。

图 7-8　表情包收纳柜

(图片来源:http://www.sohu.com/a/123808238_593926)

(3)典型案例:小鸟柠檬挤汁器

与普通的圆形的柠檬榨汁器不同,不锈钢做的柠檬挤汁器像一只小鸟,只要切一小片柠檬放在里面,挤压小鸟尾部,新鲜的柠檬汁从鸟嘴里流出。而且,不锈钢小鸟挤汁器体型小,不仅造型美观,也方便人们控制柠檬的用量,以防出现一次性挤压过多浪费的情况。见图7-9。

图 7-9　小鸟柠檬挤汁器

(图片来源:http://blog.jrj.com.cn/5001522452,13612223a.html)

(4)典型案例:跳跳糖

跳跳糖放进嘴巴里会不断地上下跳动,使人感到既兴奋又有趣。

（5）新产品设想：书型礼盒

问题来源：传统的礼盒包装方式较为单一，且缺乏惊喜的感觉。我们可以发现很多明星收到的礼盒有点像俄罗斯套娃的样子，大礼盒套着中礼盒，中礼盒又套着小礼盒，不仅拆解困难，还缺少新意。

新产品设想：我们可以设计一种书型礼盒，内置数个暗层，翻动会发现较薄的小玩意儿或是贺卡明信片，明信片上可以书写一些比较有纪念意义的话语或其他创造形式，这样收到礼物的时候，就会非常具有惊喜感。

（6）小结

趣味化产品的出现，集中反映了新时代人们对于产品中情感诉求的进一步呼唤。趣味产品设计，要把与人的交互放在重要地位，思考人们在与产品交互过程中的情感感受。

一个趣味化的设计，一定是一个充满了人情味道的产品。趣味设计是设计上的一种锦上添花，增加趣味需要在满足产品功能的前提下进行，要显得自然而又和谐，不要生硬地把"趣味"加在产品上。

3. 艺术

艺术的表现形式除了产品外观以外，还有语言、声音、文字、绘画、影像、行为动作等。

李家慧、周嘉林（2018）认为，"艺术"是通过捕捉与挖掘、感受与分析、整合与运用（形体的组合过程、生物的生命过程、故事的发展过程）等方式对客观或主观对象进行感知、意识、思维、操作、表达等活动的过程或结果[15]。

而在产品创新创意中，产品设计的艺术性是指按照美学要求对产品进行造型设计，使产品在保证使用功能的前提下，具有美的、令人赏心悦目的审美特性造型设计。

艺术创意可以用于很多生活品，包括食品、日用品、家具、家电等的产品创意中。

（1）典型案例："灯泡"苏打水

韩国出产的一款苏打水采用形似"灯泡"的包装式样，着实可爱。而且配有一个小灯，放进吸管里面就真的像一盏灯一样可以点亮，很有艺术气息。见图 7-10。

图 7-10　灯泡苏打水

（图片来源:https://www.taolile.com/archives/23597.html)

(2)典型案例:天鹅汤匙

由 Ototo 所推出的天鹅造型长柄勺 Swanky,不只外表和天鹅一样优雅,还会像天鹅一样,优雅的漂浮在"汤"面上,在汤锅里上演一场《天鹅湖》,连带用餐者也跟着有气质起来,不用再手忙脚乱地捞汤勺。见图 7-11。

图 7-11　天鹅汤勺

（图片来源:http://news.hfhouse.com/html/2609694.html)

(3)典型案例:LYFE 种植器

LYFE 种植器是一种零重力增长系统(采用磁悬浮技术),它可以在空中培养您最喜爱的空气植物。空气植物一改传统植物用根部吸收营养的方式,而是通过叶子,就可以吸收空气中的营养物质。[16]见图 7-12。

图 7-12　LYFE 种植器

（图片来源：https://www.sohu.com/a/131889072_465390）

（4）典型案例：苏州博物馆

苏州博物馆成立于 1960 年，馆址为原太平天国忠王府，为首批全国重点文物保护单位，是国内保存完整的一组太平天国历史建筑物。见图 7-13。

图 7-13　苏州博物馆

（图片来源：苏州博物馆官网，http://www.szmuseum.com/Other/BuildingMito）

1999 年苏州市委、市政府邀请世界著名华人建筑师贝聿铭设计苏州博物馆新馆。2006 年 10 月 6 日，苏州博物馆新馆建成并正式对外开放。新馆占地面积约 10700 平方米，建筑面积 19000 余平方米，加上修葺的太平天国忠王府，总建筑面积达 26500 平方米，投资达 3.39 亿元。[17]

苏州博物馆是全国重点文物保护单位，也是一座集现代化馆舍建筑、古建筑与创新山水园林三位一体的综合性博物馆。

在江南园林式设计精髓中添加了一些西式欧美元素,完美地呈现了"中学为体,西学为用"的境界,体现了贝老独树一帜的"中而新,苏而新"的设计理念和艺术美学。

(5)典型案例:火焰音箱

我们都见过音乐喷泉,水精灵一会化成激昂的冲天水柱,抑或是轻盈曼妙的舞女,伴随着音乐律动翩翩起舞。

图 7-14 这款火焰音箱巧妙地利用了火元素,将视觉艺术与听觉艺术有趣地结合。音响分为上下两个主要部分,上部分是钢化玻璃罩,内部是铝制圆柱,圆柱上是燃烧的火苗,下部分则是竹制音箱。音乐响起时,橙黄色的火苗也如音乐喷泉一样随之起舞,与音乐节奏变化相契合,为用户打造一种特别的视听体验。[18]

图 7-14　火焰音箱

(图片来源:http://www.wxuse.com/forum.php? mod=viewthread&tid=2305759)

(6)典型案例:红酒女神醒酒器

图 7-15 左图这座木雕刻画了一个微醺的女人,转而摇身一变成了右图的一款醒酒器。女人加红酒,是温柔的,妩媚的,也是优雅贵气的。而生活加上艺术,是情趣,更是对生活的热爱。

(7)典型案例:艺术跑车

图 7-16 展示了一辆艺术跑车的设计。流线型造型很有特点,像一条海豚。

图 7-15　美女醒酒器

（图片来源：https://baike.baidu.com/item/％E8％89％BA％E6％9C％AF％E5％95％86％E5％93％81/1018732）

图 7-16　艺术跑车

（图片来源：http://auto.hexun.com/2018-02-22/192488618.html）

（8）典型案例：艺术鱼缸

图 7-17 展示了一款艺术鱼缸，设计师巧妙地把鱼缸底部做成了波浪起伏的山峰，很有艺术感。

图 7-17　艺术鱼缸

（图片来源：http://gywb.cn/content/2014-12-23/content_2092393_all.htm）

（9）小结

艺术设计是一门综合性极强的学科，它涉及社会、文化、经济、市场、科技等诸多方面的因素，其审美标准也随着这诸多因素的变化而改变。艺术设计，实际上是设计者自身综合素质（如表现能力、感知能力、想象能力）的体现。[19]

产品增加了艺术元素，会更加吸引用户的关注，也能够提高用户的感知价值。艺术创意，也是产品体现差异化的一个重要手段。

4. 人性化

人性化指的是一种理念，具体体现在产品设计能从消费者的生活习惯、操作习惯出发，尽力方便消费者，既满足消费者的功能诉求，又满足消费者的心理需求。人性化的理念在多个领域都有应用场景。人性化是指让技术和人的关系协调，即让技术的发展围绕人的需求来展开。这里所指的技术是广义上的技术，包括规范、流程、制度等。[20]

赋予产品情感设计，更多考虑使用感受，使产品具有更好的亲和力，产品与客户的情感产生更多的关联性。这就是在产品设计中人性化设计所需要承担的角色。

（1）典型案例：免穿针

穿针引线是个非常麻烦的事，尤其对于中老年人来说特别难。图 7-18 所示是一种新的针，其尾部经过特殊设计，不用"穿"就能够方便地让针挂上线，非常方便和人性化。

图 7-18　免穿针

（图片来源：http://www.912688.com/supply/207878890.html）

（2）典型案例：带距离米数的步行道

在公园里将步行道或跑道标上距离米数，便于人们合理规划健身。见图 7-19。

图 7-19　带距离标线的游步道

（图片来源：http://bbs.0554cc.cn/thread-2347646-1-1.html）

（3）典型案例：有计算器的购物车

逛超市"买买买"的时候，一旦没有节制就会超出预算。设计师在购物车上安了计算器，让你随时计算消费的金额。见图 7-20。

图 7-20　带计算器的购物车

（图片来源：https://www.douban.com/note/647847166/）

（4）典型案例：智能马桶

智能马桶采用人性化设计，将人的舒适感放在第一位，具有自动消毒、冲洗、调整坐垫温度等功能，将人在上卫生间过程中的各种问题尽可能考虑到，并为之采取相应的对策,可以说是人性化产品的极致体现。见图 7-21。

图 7-21　智能马桶

(图片来源:http://jiaju. sina. com. cn/news/pingce/20170918/6315457040261383027. shtml)

(5)典型案例:关门提醒灯

锁上面设置有一个状态指示灯,门锁好时为绿色,没锁好时为红色。出门后只需看看灯的颜色,便知门有没有锁好,以防出现意外。

(6)典型案例:用颜色标记导购需要的购物篮

韩国某商场就推出了两种购物篮,分别贴上两个不同图文的标签,绿色的代表"不需要导购帮助",橙色的代表"需要导购帮助"。这样,超市的导购就会根据篮子的颜色来判断该不该靠近顾客介绍商品。

(7)典型案例:残疾人通道

方便残疾人出行的专用通道,是为残疾人参与社会生活提供的出行条件,体现人们对残疾人士的人文关怀,是社会文明进步的重要标志。见图 7-22。

图 7-22　残疾人通道

(图片来源:https://item. btime. com/m_2s21tvfkh13)

（8）典型案例：浴室座椅和扶手

有数据称，1/3 的 65 岁或以上的年长者容易跌倒，并可能会因此受伤，年龄越大，风险越高。而卫生间和浴室因湿滑特别容易导致孕妇等行动不便者、年长者以及幼儿等弱小者摔倒。所以，作为人性化设计，很多公共场所（卫生间、走廊、楼梯转弯等）和家庭都会安装各种扶手和折叠座椅以保障人身安全。见图 7-23。

图 7-23　安全椅和安全扶手

（图片来源：https://item.jd.com/53384086169.html）

（9）典型案例：颗粒取药勺

颗粒类药物配上取药小勺子，以方便计数。见图 7-24。

图 7-24　颗粒取药勺

（图片来源：http://tieba.baidu.com/p/5540742963）

（10）典型案例：不沾桌面的刀叉

有时候人性化恰恰体现在细节设计上。我们平常在用西餐时，有时会遇到中途需要放下餐具的情况，这时候我们可能会把餐具斜架在盘子上，但是这样餐具会很容易滑下来,直接放在盘子上或者桌子上我们又会觉得有点不卫生,下面这款餐具就考虑到了这一细节。这款餐具形状进行过特殊设计,放置在桌子上时,能够保持前端不碰触到桌子。如图7-25。

图 7-25　不沾桌面的刀叉

(图片来源:http://www.sohu.com/a/199825347_558509)

(11)小结

人性化的产品创新思想在多个领域都有应用场景。现在消费者越来越追求产品使用舒适感,人性化设计越发显出它的重要性。

产品设计不仅要满足用户物质需要,也要能够提供精神上的支持和情感上的浸润。产品设计的人性化,需要深入了解和洞察用户的内心世界,绝非易事。[21]

5.氛围

氛围是指周围环境的气氛和情调具有明显的特征。

和意境不一样,氛围通常凭直觉就能够感悟,不需要太多的想象力和感悟能力。

氛围给人一种被动的包围感,而意境是需要人去主观感受的。

(1)典型案例:餐厅的氛围设计

餐厅氛围好坏,直接影响到对顾客吸引力和就餐感受。人们选择一家餐厅,第一印象就是它的环境氛围。

吴克祥(2004)认为,餐厅的氛围包括两大主要部分:一种是有形的氛围,这是餐厅整体设计的重要组成部分,包括餐厅的位置、门面、内部装潢、空间布局、主题设计等方面。有形氛围设计的优劣对顾客有很大的影响,甚至直接关系到餐厅经营的成败。另一种是无形的氛围,包括服务人员的工作态度、礼节礼貌、餐厅的文化风格等方面。这两种氛围相辅相成,缺一不可,就像唇齿相依,只有达到和谐共生,餐厅的整体氛围才能十全十美。[22]

图 7-26 显示了一家咖啡店的氛围场景。和一般西式设计不同,这一家咖啡店的装修风格略带一点中式风格,木制的家具带着朴实与温暖,给人温馨的氛围。

图 7-26　咖啡店的氛围

(2)典型案例:超市的氛围设计

大型超市永远给你一种过节的气氛,热闹的背景音乐,扎眼的促销招牌,强烈刺激着人们的购买欲。超市的氛围还有一个特点,就是到处给人东西很便宜的感觉,让买家觉得有便宜好赚,因而放松了对用钱的警惕性。这些都是商家通过氛围调节消费者心理状态的手段。见图 7-27。

图 7-27　超市的氛围设计

(图片来源:https://info.b2b168.com/s168-76082656.html)

（3）典型案例：营造舆论

很多情况下，做一件事以前，需要营造一种舆论，这也是氛围这个创意在企业管理、政府治理等方面的应用。

比如，当年美国想要攻打伊拉克，就拼命宣传伊拉克拥有大规模杀伤性武器，从而争取国内民众的支持，并减少国际上的反对力量。

（4）小结

氛围这个创意在很多别的场景都能够得到应用。比如，求婚的场合，非常需要营造一个温馨、浪漫的环境。谈判中，突然摔门而去，那是为了给对方制造一种如果你再不让步，这笔生意可能要黄了的假象。审讯室的灯光设计，也会给嫌疑人带来莫大的心理压力。

利用好了氛围，可以起到事半功倍的作用。

6. 文化

广义的文化是指人类创造的一切物质产品和精神产品的总和。狭义的文化专指语言、文学、艺术及一切意识形态在内的精神产品。[23]

在产品设计过程中，文化创新占有很大的比重。产品的文化创新不仅仅是产品对于已有文化的融合，更主要的是产品在发展过程中形成具有自己独特品位的产品文化，并以此为基础创造出新的产品。

近年来，以博物馆馆藏文物为元素的文化创意产品和具有本土特色的时尚旅游商品不断出现在公众的视野中。如兵马俑系列、"唐妞"系列、城墙武士、"西安礼物"等文创产品，都受到了来自海内外游客的追捧，这些"萌萌哒"的陕西"新代言人"，变成了生活实用品，进入到更多人的生活中。

（1）典型案例：故宫文创类产品

说到故宫，第一感觉就是庄严。但是你能想象故宫与口红的跨界合作吗？故宫文创团队近年来将故宫这一底蕴丰厚的文化标志很好地结合到了各种类型的文创产品中，通过互联网的推广实现文化的传播和商品的销售，也使得更多的人了解故宫，将文化和商品完美地结合在一起。

而故宫文创设计的口红，让女性消费者为之耳目一新、跃跃欲试。尽管市场上的口红种类繁多，但是故宫只有一个，故宫口红既蕴含了故宫的那一份庄重，又不乏口红的亮眼。见图 7-28。

图 7-28　故宫文创产品

（图片来源：故宫博物院官网，https://www.dpm.org.cn/Creative.html）

（2）典型案例：企业借力影视作品

同仁堂借力《大宅门》和《大清药王》两部电视剧，传递同仁堂的企业精神：同修仁德，济世养生。这是借力文化来传递和提升品牌的内涵与价值的典型之作。同样的案例还有全聚德投资拍摄《天下第一楼》、广州王老吉投资拍摄《岭南药侠》、拉风传媒出品的《楼外楼》等影视作品。[24]

（3）小结

文化是非常广泛和最具人文意味的概念，简单来说文化就是人类生活要素形态的统称，即衣、食、住、行、用等物质形态和言、书、思、艺、礼等情感活动之和。文化设计追求的不仅是造型和美感，设计师需要把故事的能量通过自身的认知灌输到产品当中，这样消费者才会有所感动。同博物馆合作研发产品就要讲述博物馆的历史和故事，同美术馆合作的产品就要传达出艺术家的美学理念……，每个产品设计背后都拥有着属于自己的故事，当这个故事能引起消费者共鸣的时候，他才会愿意花钱购买。从这个意义上理解，消费者购买的不仅是一件物品，而是一个故事。[25]

文化产品是对文化的深度提炼，凝聚着人们的精神追求和历久弥新的精神财富，许多著名的文物及历史名胜，其厚重的历史与文化，人们很难一眼看懂，文化产品则是搭建了大众与历史和文化沟通的桥梁。

7.时尚

"时"，指历史跨度中的某个片段，通常是指当时、当下；"尚"，是指对事物的追求和认同。"时尚"就指当前社会普遍认同并推崇的事物,包括商品、行为等等。

"时尚"具有领先、高端、前卫的含义,因此与"流行"的含义有一定的差异。最初,穿有破洞的牛仔裤属于"时尚",但穿的人多了,就没有了前卫感,变成"流行"了。说不定过一段时间,穿没有破洞的牛仔裤会成为一种新时尚,你说呢?

"时尚"和"时髦"语义上也有一定的差异。"时髦"比"时尚"更加前卫一些,但公众认同感会差一些。"时尚"往往是大众推崇并追随的;而对于"时髦"的事物,往往是多数人站在一边当观众。举个例子,女孩子染发是一种时尚,但染成绿头发,只能说是时髦。

时尚也不同于奢侈品。奢侈品可以成为"时尚",但"时尚"未必需要奢侈品。简约生活也能成为一种时尚。

时尚是有意打造或无意形成的社会意识环境和潮流趋势。

(1)典型案例:以胖为美和以瘦为美

唐朝以胖为美。唐玄宗十分喜爱的杨贵妃就是一位胖美人。可以说,那个时代,胖是一种时尚。

而楚灵王好细腰,士大夫们皆节食并束腰。这是另一种时尚。

(2)典型案例:幸子牙

20世纪80年代,日本电视剧《血疑》的播出引起了社会的轰动。人们牵挂着剧中人物"幸子"的命运,并深深被山口百惠的如真表演所折服。

那个时候没有互联网,也没有"粉丝"一词。但是,山口百惠真的拥有了一大群拥趸者。粉丝的心都是相通的,都想在某些方面拉近与偶像之间的距离。于是,很多女粉丝就去整形,把牙齿做成山口百惠那样,形成了一个时尚潮流。

(3)典型案例:抽外烟

改革开放初期,很多年轻人热衷于抽外烟。那时候万宝路、七星、箭牌、登喜路等各种海外品牌香烟非常抢手。毫无疑问,这是当时的一种时尚。

时尚一定是有时间局限性的。潮流一过,就一地鸡毛了。现在已经很少看到国人抽外烟了。原因在于,中国人其实并不喜欢外烟的混合型味道,而喜欢相对柔和的烤烟型国烟。

(4)典型案例:喜茶等

近年,茶点的时尚风格变幻莫测,热点一个接着一个,掉渣烧饼、土家酱香饼、可丽饼、鲜芋仙、澈思叔叔蛋糕、喜茶、一芳奶茶……

年轻人的口味越来越难以伺候，于是商家就通过各种手段营造出一个又一个的时尚品牌，形成一段时间的消费潮流。

（5）小结

现在，基本的生活条件有了保障，物质生活比较丰裕，因此人们更加注重商品带来的情感价值。互联网加速了时尚潮流的传播，人们对"网红"事物的追逐现状也形成了一个又一个的时尚风潮。

二、倾向于内在感受的情感导向创意思想

所谓内在感受，是指这些创意产生的情感要素往往只被用户个体感受到，是用户内心的小世界，且个体间的感受差异较大。这一类创意思想包括情绪、感情、体验、意境、个性化等。

1. 情绪

情绪，是对一系列主观认知经验的通称，是多种感觉、思想和行为综合产生的心理和生理状态。[26]

情绪有很多种，如快乐、愤怒、恐惧、悲哀、开心、高兴、兴奋、激动、喜悦、惊喜、惊讶、生气、紧张、焦虑、怨恨、忧郁、伤心、难过、恐慌、恐惧、担心、害怕、害羞、羞耻、惭愧、后悔、内疚、迷恋、平静、急躁、厌烦、痛苦、悲观、沮丧、懒散、悠闲、得意、自在、安宁、自卑、自满、自豪、不平、不满、同情、光荣、荣耀、烦恼等。

在产品设计中通过诱导、激发、迎合、平衡或化解用户的情绪，能够促进用户消费，可以使用户对产品产生好感，甚至使产品成为消费者的心理寄托和依赖。

（1）典型案例：保险推销

保险是一种金融产品，用于弥补事故、疾病等意外造成的损失。多数情况下人们并不需要购买保险，因为出现意外的概率是非常低的。

保险公司的推销方法往往是通过宣传，渲染出现意外可能造成的惨象，使客户产生恐惧、害怕的心情。为了平衡这种负面情绪，人们就容易接受保险公司业务员的建议，购买相应的保险产品。

（2）典型案例：饥饿营销

很多商家在营销中会故意制造产品短缺的假象，使人们产生恐慌心理，消费者就会在这种心情的引导下，竞相购买商家的产品。

（3）典型案例：小夜灯

怕黑是人的本性，因为看不到东西就会导致人们处于信息严重缺乏的状态，容易让人没有安全感。这种缺乏安全感的状态被放大后，就会导致一部分人连晚上睡觉时的黑暗都不能忍受，他们恐惧黑暗。小夜灯就是专门为这部分怕黑的人设计的，在黑暗的夜晚能够使人看清周边，这大大消除了怕黑群体的不安全感，又不会因为光线太强影响他人的休息。见图 7-29。

图 7-29　小夜灯

（图片来源：https://www.jiaheu.com/topic/431228.html）

（4）典型案例：杀毒软件

杀毒软件总是会渲染病毒的危害，使用户产生恐惧心理，从而对杀毒软件产生心理依赖。实际上，有些杀毒软件过分地占用系统资源，也会造成电脑、手机出现卡、慢等现象。

（5）典型案例：表情包

表情包的发展史很长，从最早的符号表情包，到现在的各种颜文字表情包。表情包是一种情绪的外在体现，有时候很多文字不如一个表情来得更直接、更有趣、更省时、更贴心。

表情包的优势：表情包的表现形式能被人快速熟知并且记住；人们看到有意思的表情包会迅速保存，作为之后和别人聊天的工具；传播速度快，受众面广。见图 7-30。

（6）典型案例：解压神器

随意揉捏的解压神器成为人们热衷的又一个玩具。人们用它来发泄情绪，平复心情。见图 7-31。

图 7-30 表情包

（图片来源：http://news.sina.com.cn/o/2012-03-22/015924153302.shtml）

图 7-31

（图片来源：http://dttt.net/item-573902139276.html）

（7）小结

情绪是每个人每时每刻都会有的，并且会随着个体内部的思维变化或者外部环境的刺激产生变化。利用好情绪这个心理因素，可以为产品设计增加很多创意。

2. 感情

感情，是人内心的各种感觉、思想和行为的一种综合的心理和生理状态，是对外界刺激所产生的心理反应，以及附带的生理反应，如喜、怒、哀、乐等。感情是个人的主观体验和感受，常跟心情、气质、性格和性情有关。[27]

感是思维概念，是感觉；情是依托与依赖。人们思想的相互依赖就是感情。

为了和情绪有所区分，我们这里的感情特指人与人之间的亲情、友情、爱情、崇拜之情、感激之情、关爱之情、思念之情等。

（1）典型案例：QQ 个人空间

每个人都希望拥有一个专属于自己的空间，特别是青少年，正是自我意识开始发展的时候，他们渴望能够拥有绝对的控制权，是这片空间唯一的主人，可以在上面宣泄自己的情感，记录自己的生活故事，释放生活压力，能够让别人认识到自己，当年 QQ 空间的流行正是因为满足了人们展现自己的情感。在 QQ 空间上用户可以写日志、传图片、听音乐、表达心情等，通过多种方式展现自己。除此之外，用户还可以根据个人的喜爱设定空间的背景、小挂件等，从而使每个空间都有自己的特色。

（2）典型案例：玫瑰花

玫瑰花象征着美丽纯洁的爱情。不同颜色的玫瑰，又具有不太一样的含义：

红玫瑰——热恋、深爱着你、相爱、真心实意。

粉红玫瑰——初恋、感动、爱的宣言、铭记于心。

在情人节，青年男女常常用玫瑰花来表示爱情，导致鲜花价格暴涨。

（3）典型案例：可口可乐对对瓶盖

可口可乐推出的一种奇妙的瓶子，特别设计的瓶盖需要用两瓶可乐瓶盖对瓶盖拧在一起才能打开。这种创意瓶盖迎合了年轻人彼此沟通亲近的需要，它创造了一种充满缘分的、刺激的邂逅乐趣，特别适合于青年情侣。见图 7-32。

（4）典型案例：脑白金

脑白金这么多年来盛销不衰，靠的是打亲情牌。它已经成为关爱老人的代名词，一直是逢年过节送礼的首选。

（5）典型案例：日本大米

1993 年，日本农业遭灾，大米减产，无法满足国民需要。美国趁机逼迫日本修改大米管制法，允许外国大米进入日本市场。

可没过多久，外国大米纷纷折戟日本，原因是日本人从心底里喜欢本土大米，而且把购买本国大米看作是爱国的表现。

（6）小结

人是具有丰富情感的动物，打感情牌就是打动人心，这往往是一个制胜的法宝。

图 7-32　可口可乐对对瓶盖

（图片来源：https://baijiahao.baidu.com/s? id＝1570373053034530）

3. 体验

体验是用自己的生命来验证事实，感悟生命，留下印象。通过自己的感觉器官对人或事物进行了解和感受。[28]

每一个产品都会给用户带来感观，是个人在形体、情绪、知识上参与的所得。产品的体验是内在的，存在于心。

体验这个词最早被广泛认知是在 20 世纪 90 年代中期，由用户体验设计师唐纳德·诺曼（Donald Norman）提出和推广[29]。产品创意创新中的体验是指产品使用过程中对人体产生一定的感官上的作用。体验过的东西会使得用户感到真实、可靠，并在大脑中留下深刻印象，使我们可以随时回想起曾经的亲身经历。

"体验"强调产品不仅功能上要给用户提供价值，也要给用户带来感官上的价值。一个产品，如果用户体验不佳，其产品价值就要打折扣，在竞争中就面临着落败的可能。

体验创意可以用于很多产品上，特别是 IT 产品的体验对用户至关重要。

（1）典型案例：苹果手机 VS. 三星手机

苹果手机和三星手机相比，如果只看技术指标参数，三星手机可能会高于苹果手机。但是从用户的使用体验比较，苹果手机就要胜出一筹。所以苹果手机价格可以卖得更高，苹果手机所产生的毛利率也大大超过三星手机。

（2）典型案例：支付宝的刷脸付款

刷脸作为一种进行身份认证的技术，已经存在很多年。用户通常要对着摄像头做摇头、点头、眨眼、张嘴等动作，而且辨识速度很慢，体验感并不好。

现在，支付宝推出的刷脸付款，其认证时间不到 1 秒，而且用户不需要做任何动作，使用过程非常流畅，用户体验非常好。

（3）典型案例：线下体验店

虽说电子商务已经非常普遍了，但是如果想对商品进行试用、试驾等，还得到实体店。于是，小米、华为等纷纷向苹果公司学习，也开设了大量的线下体验店，取得了良好的市场效果。

（4）典型案例：滴滴打车

滴滴打车刚开业时，为了培养用户消费习惯，鼓励司机加入，并且和其他公司竞争，推出了非常优惠的补贴政策。

实际上，滴滴是在诱惑用户体验网约车的服务方式，培养用户的消费习惯，以期获得长期的回报。

（5）典型案例：VR 技术

当今社会什么最火？当属 VR。在年轻人当中 VR 游戏也成了风靡一时的新玩法，《节奏光剑》就是一个典型的例子。玩家通过佩戴特定的 VR 设备，在一个固定的空间内实现模拟光剑功能，并利用光剑摧毁迎面而来的障碍。VR 游戏给人最大的感觉就是体验很棒，一般传统的电子游戏都停留在电脑屏幕前，玩家的代入感不强。而 VR 通过视觉技术，为玩家营造了身临其境的感觉，增加了游戏的体验感。不只是这款游戏，还有许多例如 VR 跳舞机，能够让没有任何舞蹈基础的人体会到舞蹈的乐趣。见图 7-33。

（6）典型案例：天猫 U 先试用品派送机

在亲橙里商城，看到这么一台设备——天猫 U 先试用品派送机。见图7-34。

它可以自动派发各种各样的试用商品，如小瓶酒、小包装化妆品、洗涤用品、狗粮等。但是，它和一般商场的试用不一样，没有派送试用品的推销员。用户在触摸屏上根据自己的喜好选择试用品，用手机淘宝/天猫 APP 扫码，付完钱后就能拿走。

对用户而言，这样的配送提升了用户的体验，也避免了某些害羞或尴尬的场景。对天猫和供应商而言，有四个好处：①可以知道领取者的身份信息；

图 7-33 VR 技术

图 7-34 天猫 U 先试用品派发机

②可以防止重复领取；③可以限制发放对象，只限于目标客户群；④有机会向试用品领取者定向推送广告信息。

（7）新产品设想：家用 VR 游览眼镜

问题来源：随着社会的发展，人们对于足不出户却能逛遍世界的需求越来越高，可以在家中就把世界尽收眼底。但目前的技术只能展现给人们二维平面的图案，无法让人们得到完美的浸入式体验。而 VR 眼镜在游戏中的体验却可以运用到现实中来，给予我们新奇体验。

新产品设想：为了满足消费者需求，我们可以设计一款新产品，家用 VR

眼镜能够与电脑相匹配,实时导入各种景点的环境与建筑,能给人一种身临其境的感觉,这样也满足了一些不愿意花太多时间在室外出行上或是不喜欢室外出行的人们,满足在家也能看到美景的诉求。通过 VR 眼镜与景区实时联动,体验者可以在虚拟世界感受现实美景,达到目的。

(8)小结

体验的最终目标是使产品变得有用、易用,对用户友好,为用户所接受。

最重要的是要让产品有用,这个有用是指满足用户的需求。20 世纪 90 年代苹果公司生产了第一款 PDA(个人数字助理),命名为牛顿,是非常失败的一个案例。由于时代的限制,以当时的技术条件,一个不能联网的 PDA 无法提供给用户太多的使用价值。

其次是易用,这非常关键。Windows 操作系统为什么会打败 MacOS? 就是因为它很容易入手,一看就知道怎么操作,不需要去阅读说明书。这也是体验设计的一个方向。

而对于产品的体验设计来说,要想带给顾客更好的使用体验,无疑有非常长的路要走,这不仅需要软件和硬件上的技术支持,也需要设计者思维的不断转变与提升,更重要的是,要了解消费者真实的内心感受,直击要害。

4. 意境

顾明远(1998)认为,意境是指文艺作品中描绘的生活图景与所表现的思想情感融为一体而形成的艺术境界。特点是景中有情,情中有景,情景交融。凡能感动欣赏者(读者或观众)的艺术,总是在反映对象“境”的同时,相应表现作者的“意”,即作者能借形象表现心境,寓心境于形象之中。[30]

叶瑜在论述园林景观设计的美学时指出,意境是作品中呈现的那种情景交融、虚实相生、活跃着生命律动的韵味无穷的诗意空间。意境的构成是以空间境象为基础的,是通过对境象的把握与经营得以达到“情与景汇,意与象通”的,这一点不但是创作的依据同时也是欣赏的依据。[31]

本书所指的意境,是指产品给人在空间上的情景想象和思想上的理解感悟。意境往往不那么直白,是一种虚幻的感受。对它的理解也往往取决于人的思想认识、知识体验和心情状态。

(1)典型案例:杭州法云安缦酒店

杭州法云安缦酒店,坐落于天竺古村一侧,北高峰之麓,毗邻灵隐寺和永福寺。曲径通幽处,禅房花木深,以富有意境和诗意著称,共有 47 处居所,由已故巨匠 Jaya Ibrahim 操刀设计。这里的住宅可追溯至百年以前,曾为附近茶园村民所住。如今以传统做法和工艺修缮一新,砖墙瓦顶,土木结构,屋内走道和地板均为石材铺置。酒店的装潢、摆设都很别致。整个酒店的感觉是古色古香,粉墙黛瓦,青石涓流,所有的细节都没有现代的金属感。见图 7-35。

图 7-35　杭州法云安曼酒店

（图片来源：https://www.traveldaily.cn/article/120059）

（2）典型案例：禅意茶杯

日式茶杯有类似日本传统服饰一样的包裹外套,纹理和图章充满日式韵味。色泽柔和、精致优雅的陶瓷杯在装满水后有一股神秘的味道。见图7-36。

图 7-36　日式禅意茶杯

（图片来源：http://www.spoon-tamago.com/2015/06/01/two-traditional-japanese-crafts-come-together-to-create-the-beautiful-haori-cup/）

（3）典型案例：创意桌板

如图 7-37,残破的树干用玻璃处理过后如同一条澄澈无比的河流蜿蜒而去。

图 7-37　创意桌板

（图片来源：http://www.sohu.com/a/160672030_99915101）

（4）典型案例：酷炫自行车

图 7-38 是一款自行车的创意设计，很有浓浓的科幻风，彰显未来气息。

图 7-38　酷炫自行车

（图片来源：http://www.idianku.com/html/20160504/05041941022016.html）

（5）典型案例：禅意花架

图 7-39 展示了一个用竹子做成的花架，清新脱俗，富有禅意。

（6）小结

意境是艺术的一种表现形态，更加抽象，更加富有想象力。对作品意境的理解需要评鉴人的悟性。

所以，采用意境这个创意思想设计产品，需要考虑用户或者受众的个体特征，往往是针对一些特定群体才能显示较好的效果。

图 7-39　禅意花架

（图片来源：http://www.patent-cn.com/2016/11/28/146500.shtml）

5. 个性化

在现代经济高速发展的今天，人们的需要也更加个性化，人们已不再满足于产品的功能需求，他们同时注重个人情趣和爱好。追求时尚和展现个性的心理，以及对需求的多样化，左右着他们对产品的选择。商品设计由"人的共性为本"向"人的个性为本"转化。

随着中国经济的快速发展，居民收入、购买力水平也在不断提高，消费需求也正向着高级阶段发展，主要体现在：

（1）消费人群正在改变，中产阶级开始崛起。90 后人群开始成为消费主力军，中高收入人群正在变多，特别是看起来脱离收入水平而追求高品质生活的"伪中产"在史无前例地增多。

（2）长尾理论开始生效。人们的取向从消费大众化品牌逐渐转向消费小众、个性化的产品。市场开始从传统的"头部"转向长尾领域。简而言之，过去人们都买大众化的品牌，现在人们更可能买小众的，符合自己个性的东西。

（3）"格调"经济时代，人们更愿意为文化娱乐和小众产品花钱。人们的消费欲望史无前例地增强，想要过上有品位的生活。"对自己好一点，花钱让自己在人群中有点小特别"的思想逐渐兴起。

人们对商品的要求不再仅仅满足于达到规定的质量标准，而是要求满足个人的需求与期望，一个非常明显的趋势便是消费越来越从共性消费向个性化、多样化、主动化和理性化消费转变。

于是定制化产品就应运而生，它是指企业将市场细分到极限程度——把每一位顾客视为一个潜在的细分市场，并根据每一位顾客的特定要求，单独设计与生产产品。

定制产品在早期市场上并不鲜见。生产者分别为不同的顾客制造他们所需要的产品,如:裁缝根据顾客的身高、体形、喜欢的式样,分别对布料进行裁剪与加工,即所谓的"量体裁衣";鞋匠根据顾客脚的尺寸、形状来设计鞋子等。

现代定制产品和早期的定制产品不同的是建立在企业大规模生产的基础上,将每一位顾客都视为一个单独的细分市场,根据个人的特定需求来进行组合,它是制造业、信息业迅速发展所带来的新的产品创意创新方式。[32]

(1)典型案例:高定礼裙

高定就是高级定制的简称,通常指的是一些高端品牌服务,按照客户要求为客户量身定做的服饰,和服装店里的量贩是不同的。提供方为需求方进行超出一般标准的生产或加工(有更高的苛刻的要求或精确度的要求)。这样做出来的服装,不论从风格上还是尺寸上,都更加适合顾客,并且杜绝了在出席活动时和他人撞衫的可能性。

(2)典型案例:U盘刻字

小小的一个U盘,除非看里面的文件,不然谁也不知道它的主人是谁。针对这种现象,商家推出了U盘刻字服务,可以自己选定字符或者选择自己喜欢的图案刻上去,哪怕只是购买一个,商家也会为你定制专属于你的U盘。

(3)典型案例:今日头条

互联网资讯服务本来是一片红海,而今日头条在这激烈竞争的市场中,异军突起,成为人们的首选信息源,靠的就是个性化定制。今日头条会根据用户的阅读习惯,为用户定制新闻信息,这个过程对用户是完全透明的,在不知不觉中完成。

(4)典型案例:定制银行卡

现在有些银行提供了定制银行卡的服务。你可以用自己喜欢的照片或图案定制自己的银行卡,不再被动接受那千篇一律的卡片设计。

(5)典型案例:定制汽车

购买奔驰、宝马等豪车会花上3~6个月或更长时间。因为高档轿车每一辆都是定制的。厂家接到订单以后,按照用户自己选定的配置进行生产,所以需要较长的订购周期。

(6)典型案例:私人形象设计

个人形象设计是对个人形象进行整体设计指导。通过对人体色特征和人的长相、身材、气质及社会角色等综合因素的分析,利用专业形象诊断工具,测试出色彩范围与风格类型,找到最适合的服饰色、染发色、彩妆色、服饰风格款式与搭配形式,从而使内涵与外表相呼应,并运用形象元素得体应对不同场合。[33]

(7)新产品设想:定制雨伞 APP

问题来源:在社会经济快速发展的推动下,人民的收入水平大大提高,人们在伞等生活用品的消费上更是追求高质量和个性化。在移动电子商务迅猛发展的今天,消费者需求的多样化、个性化为伞的网络定制化提供了强有力的市场空间。

新产品设想:设计一个雨伞定制类的 APP,与各大院校美术专业学生合作,为消费者们提供自由设计、自由构想的素材与优质的服务;其次,利用社交功能,形成了自我需求设计之间的良性化互动。消费者可以在 APP 内自由选取素材,打造一把体现个人风格的伞。

(8)小结

总而言之,个性化产品是生产者根据顾客的偏好等个人特点和个人需求,为顾客提供针对性的产品。在这种制造模式下,顾客不再只是购买产品,而是作为参与者与产品制造商一起按照需求开发个性化的产品。

个性化产品主要是针对不同的顾客提供不同产品策略和产品的结果,相对于标准化产品而言,个性化产品源于标准化产品,又高于标准化产品,它在提高模仿难度和顾客忠诚度、保持长久良好的顾客关系等方面具有明显优势。个性化产品是面向问题、面向对象的以客户需求为核心的主动产品,个性化产品的提供者与用户在产品过程中需要良好沟通、紧密合作。

结　语

随着人们消费需求的提高以及市场竞争的日益激烈,人的感性心理需求得到了前所未有的关注,人的需求正向着情感互动层面的方向发展,在产品设计中,情感元素所占比重会越来越大。设计出更多满足消费者心理需求的产品,将会是市场的必然趋势。

思考题

1.新奇和趣味的异同点在哪里?

2.怎样区分艺术、意境和氛围？

3.文化产品为什么得到大家的青睐？

4.人性化设计和个性化设计的异同点是什么？

5.情绪和感情的差异是什么？

6.为什么要把体验归类于倾向于内在感受的情感导向思维创意？

7.个性化的优缺点分别是什么？

8.头脑风暴，收集更多的情感元素，然后请对情感导向的各种创新元素（包括本书及头脑风暴的内容）按照你自己的思维逻辑用亲和图法进行分组。

◎ 参考文献

[1]张志平.情感的本质与意义:舍勒的情感现象学概论[M].上海:上海人民出版社,2006.

[2]张静抒.情感管理学[M].上海交通大学出版社,2006.

[3] https://baike. baidu. com/item/％E6％83％85％E6％84％9F/189257? fr＝aladdin

[4]http://www. nongcun5. com/sell/news/22/31864. html

[5]http://www. 1888998. com/tech/2019-04-23/265. html

[6]http://www. douban. com/group/topic/10934787/

[7] https://www. rouding. com/xiangguanzixun/shishang－info/102011. html

[8]https://baike. baidu. com/item/％E5％A4％A9％E6％B0％94％E9％A2％84％E6％8A％A5％E7％93％B6/7787313? fr＝aladdin

[9]王沈策,吴寒,王小艳.基于感性意象的玩具设计实践[J].美与时代:上半月,2010(7):70-72.

[10]曹俊峰.康德美学引论[M].天津:天津教育出版社,1999

[11]辞海编辑委员会.辞海[S].上海:上海辞书出版社,1979:4467.

[12]诺曼.情感化设计[M].北京:电子工业出版社,2005:6.

[13]宋明亮,王丽文.趣味与产品趣味设计研究[J].江南大学学报(人文社会科学版),2006(5):123-125.

[14]http://www. sohu. com/a/123808238_593926

[15]李家慧,周嘉林.艺术与设计的关系[J].西部皮革,2018(7):33.

[16]http://mt. sohu. com/20180413/n534744224. shtml

[17]http://www. szmuseum. com/News/Index/GZZC

[18]http://www. shejipi. com/126213. html

[19]杨洋.从中国传统文化透视现代艺术设计[J].赤峰学院学报(自然科学版),2013(13):98

[20]何振艺.动漫周边产品的人性化设计探讨[J].华人时刊(下旬刊),2014(1):272.

[21]张钰.设计概论[M].武汉:华中科技大学出版社,2013.

[22]吴克祥.餐饮经营管理[M].天津:南开大学出版社,2004.

[23]孙显元."物质文化"概念辨析[J].人文杂志,2006(3):7-13.

[24]周维学.文化营销研究[J].中国集体经济,2009(9):69-70.

[25] http://www. jinciwei. cn/k23944. html

[26]刘怡宏,刘静,岳琳琳.浅谈中医学与心理学情志情绪区别和联系[J].保健文汇,2017(1):12.

[27]高乐萍.大学生如何进行情绪调节[J].科学与财富,2013(11):11.

[28]于文谦,荆雯.回归生命教育语境下的体育[J].首都体育学院学报,2013(4):333-337.

[29]李雪莲,杨真,许佳.C2C电子商务平台用户体验设计研究[J].美术界,2013(6):16.

[30]顾明远.教育大辞典[S].上海:上海教育出版社,1998.

[31]叶瑜.园林景观设计中的审美追求[D].武汉理工大学,2012.

[32]颜军梅.理性认识定制营销[J].中国商贸,2013(11):17-18.

[33]http://dy. 163. com/v2/article/detail/E05T2O7R0537192R. html

第八章　环境和社会责任导向的应用和案例

本章导读:

> 　　这一章探讨环境和社会责任导向的创新创意思维方法。首先介绍自然环境、社会环境、市场环境和营商环境的概念,接着分析产品创新与环境的关系,介绍适应环境、改变环境、创造环境三个产品创新思想方法。最后一节围绕社会责任探讨环保理念、健康理念、安全理念、道德理念和企业社会责任理念五个方面的产品创新思路。

　　任何人或者任何社会组织所面对的一切就是环境。产品创造者必须考虑所创造的产品与环境的关系,特别地,还要考虑所承担的社会责任。

　　以下先讨论产品创造过程中有哪些环境因素。

一、自然环境、社会环境、市场环境和营商环境

　　与产品创造这个过程紧密相关的环境因素有自然环境、社会环境、市场环境和营商环境。

　　自然环境是环绕生物周围的各种自然因素的总和,如大气、水、物种、土壤、岩石、太阳、月亮等,是人和生物赖以生存的物质基础。随着资源的逐渐匮乏,以及环境问题的加剧,人们也渐渐意识到所面临的危机,开始思考人类与自然之间的关系。在产品设计环节加入对环境可持续发展的考虑,就是基于自然环境导向的产品创新,以提升资源利用效率,打造环境友好型产品为目标。

　　社会环境是在自然环境的基础上,人类群体业已形成的思想意识、文化习

俗、相互关系和社会秩序的总和,也可称之为社会文化环境。社会环境随着人类社会的发展而不断地处于变化之中。

按照菲利普·科特勒的理论,企业面临的市场环境包括人口、自然、科技、经济、社会文化、政治法律六大宏观因素和供应商、企业本身、营销渠道、用户、竞争者和公众六个微观环境因素[1]。

营商环境包括影响企业活动的社会要素、经济要素、政治要素和法律要素等方面,是一项涉及经济社会改革和对外开放众多领域的系统工程。一个地区营商环境的优劣直接影响着招商引资的多寡,同时也直接影响着区域内的经营企业,最终对经济发展状况、财税收入、社会就业情况等产生重要影响。良好的营商环境是一个国家或地区经济软实力的重要体现,是一个国家或地区提高综合竞争力的重要方向。[2]

任何社会成员,无论产品创造者还是产品用户,既受到环境的影响和制约,又对环境具有反作用。这是一个辩证的关系。

社会的主体是人,所以基于社会环境导向的产品设计归根结底是以人为本的设计,设计首先考虑的是人的需求,或者说社会大部分人的需求,即社会需求。其内容也会涵盖社会责任、改善社会生活形态以及促进社会和谐等重要职能。

二、产品创造者与环境的关系

每一个产品的创造者,无论是个人、家庭、组织、企业还是政府,都处于客观的环境之中,会面临对自身不利或者有利的环境,可能受到环境的制约、束缚甚至威胁,也能得到环境的滋养、保障和促进。

产品创造者和环境的关系是辩证的。一方面,产品创造者必须适应这个环境,否则无法生存;另一方面,无论是产品的供给方还是需求方,无论主观意愿如何,有意识还是无意识,都在影响并改变着环境。任何一个社会成员出于本能,总是希望这种改变对自己是有利的,希望能够减少甚至消除对自己不利的环境影响。按照本书的产品定义,这种主观上改变环境的行为,也属于产品。

以下从适应环境、改变环境和创造环境三个层面探讨产品的创新创意。

1. 适应环境

适应环境是指产品创造者根据环境的特性和变化,调整产品策略或设计,以期能满足用户的需要,并获得最大的回报。

比如一般的空调都有制冷和制热两个基本功能。但是如果这一款空调是面向海南等热带地区市场的,通常会只有制冷功能。去掉一个用户不需要的制热功能会大幅度降低成本,从而降低了用户的获得成本,提高了企业的效益。

下面举例说明。

(1)典型案例:C-130 军用运输机

C-130"大力神"是由美国洛克希德公司(现洛克希德·马丁公司)在 20 世纪 50 年代研制的四发涡桨多用途战术军用运输机,是世界上设计最成功、使用时间最长、服役国家最多的运输机之一,从 1954 年 8 月 23 日首飞至今已服役 60 余年,有 70 余个国家或地区使用,总生产数量愈 2300 架。[3] 见图 8-1。

C-130 采用上单翼、四发动机、尾部大型货舱门的机身布局,力求满足战术空运的实际要求。铝合金半硬壳结构机身大型的尾部货舱门,能在空中开闭;在空中舱门放下时是一个很好的货物空投平台,尤其是掠地平拉空投的时候,在地面又是一个很好的装卸坡道。[3]

C-130 非常适合执行军事空运任务的恶劣环境,可以在沙漠等前线简易机场起降,向战场运送或空投军事人员和装备。

图 8-1　C-130 运输机掠地平投坦克

(图片来源:https://mini.eastday.com/a/160322092122454.html? btype=listpage&idx=35&ishot=0&subtype=news)

（2）典型案例：海水稻

海水稻是耐盐碱性水稻，能够在高盐分水中生长的水稻。袁隆平率领的科研团队，在现有自然存活的高耐盐碱性野生稻的基础上，利用遗传工程技术，选育出可供产业化推广的，在盐度不低于 1‰盐度海水灌溉条件下能正常生长且产量能达到 200～300 公斤/亩的水稻品种。袁隆平曾说，如果海水稻研究成功，给国家至少增加 1 亿亩耕地，多养活 1 亿人口。[4]见图 8-2。

图 8-2　袁隆平和海水稻

（图片来源：http://news.sina.com.cn/c/2018-06-03/doc-ihcmurvf7366212.shtml?
cre＝tagspc&mod＝g&pos＝1_1&r＝user）

这是培育新物种使之适应环境的案例。

（3）典型案例：肯德基的本土化

肯德基一直被认为是高度本土化的快餐公司，不仅是团队高管成员本土化，而且菜品也是围绕着中国的餐饮和食材做文章。为了成为中国最大的快餐连锁店，抢占中国市场，它放弃了在美国的部分餐单，参考中国餐食研究出一套符合中国消费者口味的餐单：一是对异国风味进行中式改良，例如奥尔良口味、墨西哥风味、葡式蛋挞等；二是中式快餐，例如油条、豆浆、烧饼、粥、汤、各种盖浇饭套餐；三是具有中国地域特色的产品，比如模仿北京烤鸭开发的老北京鸡肉卷、川香辣子鸡、川辣嫩牛五方等，在中国上演了一场"洋餐环境，中餐味道"的混搭模式大戏。[5] 见图 8-3。

图 8-3　肯德基的中式餐

（图片来源：http://www. sohu. com/a/331342675_100245187）

这是餐饮菜品适应市场环境的案例。

（4）典型案例：变色镜

随着科学技术的发展，人们发明了可以随着光照强度变化颜色的变色眼镜。

这种眼镜在室外（或阳光下）光线强烈照射时，镜片颜色会渐渐变深，可以保护眼睛免受强光刺激；进入室内，光线减弱，镜片颜色渐渐变浅，保证了对景物的正常观察。这也是一个产品适应环境的案例。

（5）小结

适应环境是产品创造者的基本功。但是一味地适应环境就无法改变对自己不利的局面。所以,我们不仅要能够适应环境,更需要学会改变环境。

2.改变环境

人类每时每刻都在改变环境。但是,这里所说的改变环境是通过产品创造的方式,主观能动地改造我们所处的环境。以下是一些案例。

(1)典型案例:空调

空调即空气调节器(Air Conditioner),是指利用人工手段,对建筑/构筑物内环境空气的温度、湿度、洁净度、流速等参数进行调节和控制的设备,使目标环境的空气参数达到要求。

(2)典型案例:"郭亮洞"挂壁公路

挂壁公路最出名的该是河南辉县的"郭亮洞"。河南辉县沙窑乡郭亮村,高居悬崖顶端,这里的村民祖祖辈辈都住在这里,但因上下山不易,被困境于绝壁之上,娶媳妇难、看病难、上学难、卖猪难,村民进出山的唯一通道是顺绝壁石缝凿出的一溜石窝,俗称"天梯"。20世纪70年代,在老支书申明信的带领下,一个由村民组成的13人修路专业队用铁锤和钢钎,硬是在村前绝壁上苦干5年,修成一条高5米、宽4米、长1300米的石洞公路,从此一条路改变一个村子的命运。[6]见图8-4。

图 8-4　挂壁公路

(图片来源:http://k.sina.com.cn/article_6440098375_17fdc1a4700100bokh.html)

（3）小结

改变环境是人类主观能动性的体现，是改造这个世界的有限自主行动之一。但改变环境通常是在原有环境的基础上，进行一些调整。如果要更大程度地改造这个世界，我们就需要创造环境。

3. 创造环境

改变环境有一定基础，但创造环境是指从无到有地创造一个全新的社会生态。如支付宝，就是创造了一个第三方支付的全新商业生态环境。

我们可以创造一个全新的政治环境、经济环境、文化环境、市场环境、营商环境等，且看下面的例子。

（1）典型案例：南泥湾拓荒，创造全新经济环境

在那艰苦卓绝的岁月里，革命队伍不仅仅要面临军事斗争的残酷，也要面临生活和经济来源无着落的困境。

1941 年春，359 旅在王震将军的带领下，奉命开进南泥湾，披荆斩棘，开荒种地，风餐露宿，战胜重重困难，创造了一个全新的经济生态。1942 年，生产自给率达到 61.55%；1943 年，生产自给率达到 100%；到 1944 年，359 旅共开荒种地 26.1 万亩，收获粮食 3.7 万石，养猪 5624 头，上缴公粮 1 万石，达到了"耕一余一"。广大官兵用自己的双手和汗水，将荒无人烟的南泥湾变成了"平川稻谷香，肥鸭遍池塘。到处是庄稼，遍地是牛羊"的陕北好江南。[7]见图 8-5。

图 8-5　南泥湾

（图片来源：https://sh.qihoo.com/9c87b19fc025ba8aa? sign＝look）

（2）典型案例：衍生品交易，创造全新市场环境

传统模式的市场交易，达成合约后买卖双方必须进行标的物的交付。而当今商品交易所或证券交易所，可以进行衍生品的交易。衍生品包括期货、期权等多个品种，能够把传统标的物的经济利益和所有权进行分离，也就是不用进行原始标的物的交割，极大地拓展了交易的范围，带来了广泛的经济价值。

衍生品交易创造了全新的市场环境。

（3）典型案例：梦想小镇，创造全新营商环境

浙江杭州未来科技城梦想小镇以科技城开放、包容、创新、服务的政务生态系统为支撑，以阿里巴巴总部所在地和金融资源集聚发展的产业生态系统为驱动，通过建设"众创空间"、O2O 服务体系、"苗圃＋孵化器＋加速器"孵化链条，打造更富激情的创业生态系统，帮助"有梦想、有激情、有知识、有创意"，但"无资本、无经验、无市场、无支撑"的大学生"无中生有"，使他们创业的梦想变成现实。

以梦想小镇为代表的创业园区为创业者提供了很好的营商环境。见图8-6。

图 8-6　杭州梦想小镇

（图片来源：http://www.legaldaily.com.cn/index/content/2017-12/04/content_7410688.htm）

（4）典型案例：外卖，创造全新市场环境

在美团、饿了么兴起前，人们还不流行叫外卖，通常都是出门吃饭，或者说只能通过拨打商家的电话让他送过来，并且只能点他们家的东西。外卖软件

兴起后,点外卖成了一种流行现象,如果你工作忙没时间出去吃饭或者不方便出门,都可以拿起手机点个外卖,很快,外卖小哥就会将它送到你的手上。

(5)小结

很多新的商业模式,就是生态环境的创造。互联网门户网站、第三方支付,分别是传媒和支付领域的生态环境的创造者。而腾讯、阿里巴巴等公司,通过它们的产品创新创造了巨大的商业生态。这些商业生态,不仅仅对它们自身有益,而且还带动了关联企业乃至社会的发展。

三、产品创造与社会责任的关系

无论是个人、企业、政府还是其他社会组织,在进行产品创造时,必须承担相应的社会责任。对企业而言,就是企业社会责任。

企业社会责任(Corporate Social Responsibility,简称CSR)是指企业在创造利润、对股东和员工承担法律责任的同时,还要承担对消费者、社区和环境的责任,企业的社会责任要求企业必须超越把利润作为唯一目标的传统理念,强调在生产过程中对人的价值的关注,强调对环境、消费者、对社会的贡献。[8]

以下,分别讨论环保理念、健康理念、安全理念、道德理念这四个产品创新创意思想方法,还要特别探讨运用企业社会责任理念进行产品创新的新模式。

1. 环保理念

人类必须尊重自然、顺应自然、保护自然,人与自然和谐共生,人类文明才能持续前行。

工业革命为人类创造了现代生活方式和生活环境的同时,也加速了水、矿产等资源的消耗,并对地球的生态平衡造成了极大的破坏。随着近年来气候的变化,特别是各种极端天气的产生,加上资源的过度开采,以及环境的污染问题,人们越来越意识到环境可持续发展理念的重要性。

环保理念就是环境可持续发展的理念。基于这个理念,越来越多的设计师提倡绿色设计,在产品设计阶段就考虑其环境效益,将环境因素和预防污染的措施纳入产品设计之中,将环境性作为产品的首要设计目标,最小化产品对环境的影响。绿色设计有三方面要求:①减少能源的消耗——这包括设计过程、生产制造过程、运输过程等环节资源的有效利用;②减少环境污染——产品本身,以及产品使用过程中的各个环节对环境的破坏都要非常小;③循环利用——在进行产品设计时,充分考虑产品零部件及材料回收的可能性,如回收价值的大小、回收处理的方法、回收的处理工艺等与回收有关的一系列问题，以达到资源充分利用。

（1）典型案例：可降解环保塑料袋

环保塑料袋是各类可生物降解塑料袋的简称。随着科技的发展，各类可替代传统 PE 塑料的材料出现，包括 PLA、PHAs、PBA、PBS 等高分子材料均可替代传统 PE 塑料袋。环保塑料袋目前应用已经较为广泛，超市购物袋、连卷保鲜袋、地膜等在国内均有大规模应用的范例。吉林省已经全省采用 PLA（聚乳酸）替代传统塑料袋，并取得了较好的效果。在海南省三亚市，淀粉基生物降解塑料袋也已经进入超市酒店等行业并被大规模使用。[9]

（2）典型案例：QLED 电视

三星推出的 QLED 电视从技术到材料全方位体现了环保理念，它采用全球顶尖的环保无镉量子点技术，在液晶显示屏的背光源上加一层量子点薄膜，可以大大提高色彩还原率和整体亮度。它不含镉及其他任何有毒重金属，节能的同时不对环境造成污染，而且三星电视的遥控器、说明书、包装袋等都采用产自巴西的甘蔗生物塑料，包装盒更是全部使用 100％可再生纸和大豆油墨印刷技术，据测算这些措施能降低 25％的温室气体排放。[10] 见图 8-7。

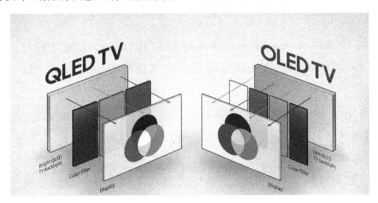

图 8-7　QLED 电视和 OLED 电视的原理比较

（图片来源：https://news.znds.com/article/34310.html）

（3）典型案例：苹果公司的新总部

Apple Park，苹果飞船总部大楼，是美国苹果公司新总部大楼，乔布斯生前所设计，占地面积 280 万平方英尺（约合 26 万平方米）。该建筑耗时 8 年完工，总花费达 50 亿美元（约合 330 亿元人民币）。

新总部大楼为环状建筑，中间是大型庭院，用史蒂夫·乔布斯生前自己的话来形容，新大楼像一艘"着陆的宇宙飞船"，而美国媒体则将其比喻成"巨型玻璃甜甜圈"。见图8-8。

图 8-8　苹果公司的新总部

（图片来源：http://www.sohu.com/a/200815750_708618）

Apple Park 基本上依靠太阳能电池板和其他可再生能源供电。园区内安装了一个微型电网，仅仅依靠太阳能发电网就能提供 17 兆瓦电力，并能满足整个园区 75％的电力需求。[11]

（4）典型案例：杭州江洋畈生态公园

杭州西湖进行了多次疏浚，增加了西湖的平均深度，改善了湖水的水质，美化了旅游环境。

但是，如何处理疏浚工程挖出来的大量污泥成为一道难题。经过多方论证，市政府决定把污泥通过管道输送到西湖周边群山中的一个杂草丛生的偏僻山坳，然后把这一区域建成一座生态公园，这就是江洋畈湿地公园的由来。

经过多年的改造，现在这里已经形成了一个具有森林、湖泊、湿地等多个生态的天然生态公园，成了市民休闲旅游的又一个好去处。见图8-9。

图 8-9　江洋畈公园

（图片来源：https://www.jianshu.com/p/08ced1168c3a)

（5）典型案例：减少汽车尾气污染的政策措施

众所周知，汽车尾气排放是大气污染物的一个重要来源，也是温室气体的一个重要来源，对环境产生着较大的破坏作用。

近年来，国家主要从两个方面出台政策，努力降低汽车尾气排放对环境的影响。一是提升车用燃油的品质，降低杂质含量；二是提高汽车尾气排放标准。短短十几年时间，汽车尾气的排放标准从国 3 标准提高到了国 6 标准，基本接近了欧美国家的水准。

（6）典型案例：数据中心的选址

大型数据中心的能耗非常大，一部分是电脑设备运转所需要消耗的电力，另一部分是给计算机进行冷却所消耗的能量。

出于环保考虑，国内外很多大型 IT 公司在选择数据中心的建造位置时，充分考虑了冷却这个环节的能耗。比如谷歌公司把一些数据中心建在芬兰等寒冷地区的海边，一方面可以有充足的冷却水，另一方面环境温度也较低，这样可以降低冷却机器的能耗。

国内的 BAT 三家巨头则选择贵州作为数据中心的落脚点。因为地处云贵高原的贵州省海拔较高，环境温度相对比较低，有利于机器的自然冷却。而且贵州水资源比较丰富，既可以作为冷却水，又可以用于水力发电。贵州对数据中心而言是既经济又环保的选择。

（7）小结

美国设计师维克多·巴巴纳克曾说：设计的最大作用不是创造商业价值，也不是包装和风格方面的竞争，而是一种适当的社会变革过程中的元素。他强调，设计应认真考虑有限的地球资源的使用问题，并为保护地球环境服务。[12]

从垃圾分类到减排降耗，人们已经认识到了环保的重要性，并在采取措施努力给自己和下一代留下一个美好的世界。

2. 健康理念

"健康"是指一个人在身体、精神和社会等方面都处于良好的状态。传统的健康观是"无病即健康"，现代人的健康观是整体健康。世界卫生组织提出"健康不仅是躯体没有疾病，还要具备心理健康、社会适应良好和有道德"。因此，现代的健康包括心理健康、感官健康以及使用体验的健康。[13]

现代社会的人们越发关注健康问题，对健康的追求也越来越迫切强烈。面对这种需求，许多设计师会在产品设计中融入健康理念，通过构思设计基于健康观念的产品形态、产品功能，采用有益于健康的产品原料，去提高人们身体以及情感上的良好体验。

一些医疗器械和生活用品会加入健康理念。比如，医疗器械会考虑病人的心理因素而选择较为温暖的色调，也会增加一些辅助支撑结构使治疗过程更加轻松。生活用品会考虑人们对健康的追求来设计特殊的形态结构，比如颈椎枕头可以对颈椎进行矫正预防颈椎病，枕头里塞上中草药又多了助眠的功能。现在大部分穿戴设备都会包含一些关注用户健康的功能，比如说可以检测人们的心率及睡眠状况等。再比如说与身体健康直接相关的饮食，设计者会更加注重营养的搭配，在饮料中加入各种人体所需维生素，也有的直接在饮料中添加膳食纤维，有些企业会优选物料来源，追求饮食产品的原生态。

以下是更多的健康产品案例。

（1）典型案例：农夫山泉矿泉水

农夫山泉公司坚持"天然、健康"的产品理念，从不使用城市自来水生产瓶装饮用水，也从不在饮用水中添加任何人工矿物质，坚持水源地建厂、水源地灌装，确保所有生产过程都在水源地完成，确保所有农夫山泉都是天然的弱碱性水。[14]

"我们是大自然的搬运工"这一句广告词道出了农夫山泉公司对生产健康

产品的执着。见图 8-10。

图 8-10　农夫山泉 LOGO

（图片来源：http://www.nongfuspring.com）

（2）典型案例：云南白药牙膏

云南白药牙膏相对于其他牙膏而言，更注重健康理念，云南白药牙膏内含云南白药活性成分，具有帮助减轻牙龈问题（牙龈出血、牙龈疼痛）、修复黏膜损伤、保护牙龈和改善牙周健康的作用。它选用高档软性洁牙磨料和高级润湿剂，膏体细腻，清新爽口。[15]

（3）典型案例：乳胶床垫

睡眠问题一直困扰一大群人，也不是不困，但就是睡不着。在自身不能很好调节的情况下，可以试试改变外界条件，使用乳胶床垫。乳胶床垫具有高弹性，可以满足不同体重人群的需要，其良好的支撑力能够适应睡眠者的各种睡姿。乳胶床垫接触人体面积比普通床垫接触人体面积高出很多，能平均分散人体重量的承受力，具有矫正不良睡姿的功能，更有杀菌的功效。乳胶床垫的另一大特点是无噪音、无震动，有效提高睡眠质量，透气性较好。[16]

（4）典型案例：麦卢卡蜂蜜

蜂蜜一直被奉为养生圣品，而其中以麦卢卡蜂蜜为甚。麦卢卡蜂蜜中含有一种独特的活性抗菌物质——麦卢卡因子（Unique Manuka Factor，UMF），它具有强大而独特的抗菌及抗氧化能力，有摧毁细菌的能力，更好地治疗机体创伤，促进伤口自然愈合，尤其是在对胃肠道的调养方面表现极佳。[17]见图 8-11。

图 8-11　麦卢卡蜂蜜

（图片来源：http://www.bi-xenon.cn/item/15085086341.html）

（5）典型案例：健康零食品牌 Véa

为迎合千禧一代对健康食品和独特原料的渴望，以奥利奥、乐之和 Wheat Thins 等传统零食品牌而为人熟知的亿滋国际（原卡夫食品）推出了新品牌 Véa。Véa 不是典型的零食产品，这款产品融合了红薯、胡桃南瓜、藜麦等原料，按照极具创意的食谱做成，它为那些想要探索新鲜口味的消费者带来健康的零食。Véa 系列产品推崇健康理念，产品中不包含任何人工色素或人工香料，并且全都经过非转基因工程认证。[18]

（6）典型案例：儿童疫苗接种

从孩子出生后，身体就会受到各种疾病的侵害，有一些是由病毒引起的。现在，政府制定了接种疫苗制度，小孩从出生开始的不同时间段，需要接种不同的疫苗，让身体产生抵抗对应病原体的抗体，阻止病原体侵入身体。自从 1978 年实施计划免疫后，我国消灭了天花，并且自 1995 年以来没有了本土脊灰病例，麻疹、百日咳、流脑、乙脑、甲肝等传染病也降到了历史最低水平。[19] 见图 8-12。

图 8-12　儿童疫苗接种

（图片来源：http://www.fzlol.com/redian/20190110/624526.html）

（7）典型案例："Embrace"不插电保温袋

每年全球出生的 2000 万早产儿和低体重婴儿中,接近 400 万因为无法维持体温活不过第一个月,就算幸存也会罹患一些伴随终生的慢性病。印度这一问题格外严重,然而这并不是因为医院缺乏恒温箱导致的,而是因为印度农村到医院的距离很远,刚出生的宝宝大多无法立即到达医院。为了解决这一问题,Jane Chan 和团队进行了大量的研究,制造出了"Embrace"保温袋,这款保温袋由一个婴儿睡袋,加上一个蜡包和一台加热机构成。蜡包的熔点是人体温度 37°,把加热融化的蜡包放进睡袋夹层,蜡包会在凝固的过程中放热,整个恒温供暖可持续 4～6 小时。这个实用的婴儿产品在投入印度、尼泊尔等地后,拯救了数百万需要温暖的早产儿。[20] 见图 8-13。

图 8-13　Embrace 保温袋

（图片来源:http://www.sohu.com/a/273396525_99901182）

（8）小结

优秀的设计首先是以人为本的,而"身体是革命的本钱",是人们幸福的基本保障,这也决定了设计者永远不能抛开对用户健康的关注。随着生活越来越富裕,人们也开始更加关注满足生活基本需求之外的东西,即心理上、精神上等的附加价值。许多健康产品的设计不再仅仅停留在基本功能的实现上,同时还要满足人们对健康的追求。基于健康理念的产品设计符合时代的趋势和市场需求。

3. 安全理念

安全理念是一种价值观,是从安全的角度来衡量好或坏。安全是从人身心需要的角度提出的,主要指人生理上包括心理上均没有受到威胁、危险、危害、损失。

追求安全是人类的本能,或者说是所有生物的本能,这可以追溯到远古时期生物的求生本能。即使到了现代社会,人类的这些求生欲望还是有所体现,比如许多人怕蛇、蜘蛛等生物,这是因为这些生物在古时候威胁到了人类的生命安全,人类本能地害怕它们。到了现代社会,这种求生本能演化为更抽象的安全理念,不单单要在生命安全上没有威胁,实际上是要保证人类的身心状态都不受到损伤。

比如存在触电危险、机械伤害、高温伤害、化学腐蚀以及辐射伤害等威胁的产品就需要设计师在设计产品时候考虑其安全性。以下是一些安全理念相关的产品案例。

(1)典型案例:灭火器

水火无情,一个小小的烟头,老化的电路都会引起一场火灾,火灾给人们造成的损失是巨大的,所以在学校商场这种人员密集的场所,一般会准备多个灭火器,以防不时之需。

(2)典型案例:床栏

婴幼儿对于肢体的控制能力还不够,但又喜欢爬来爬去,一不留意就会掉下床,造成伤害。床栏存在的意义就是保护孩子,防止孩子掉下床。很多家长出于安全考虑,都会给自家的小朋友的床装上床栏。见图8-14。

图 8-14　儿童床

(图片来源:https://www.wadongxi.com/rs/ofkojnofkojnoflkikofjlleofknja)

(3)典型案例:防滑鞋套

防滑鞋套是才出现的一种新产品,可以有效防止湿滑地面、冰雪路面等特殊场所的滑倒、摔伤,适用公安、消防、武警、攀岩、运输、搬运等特种行业的从业人士及户外活动者。见图8-15。

图 8-15　防滑鞋套

（图片来源：https://baike.baidu.com/item/％E9％98％B2％E6％BB％91％E9％9E％8B％E5％A5％97/3362309）

（4）典型案例：盲道

　　盲道是专门帮助盲人行走的道路设施。盲道一般由两类砖铺就，一类是条形引导砖，引导盲人放心前行，称为行进盲道；一类是带有圆点的提示砖，提示盲人前面有障碍，该转弯了，称为提示盲道。盲道的存在给盲人带来了极大的安全和便利。[21] 见图 8-16。

图 8-16　盲道

（图片来源：http://www.cnlinfo.net/info/16436902.htm）

（5）新产品设想：车内报警器

很多时候，车内的人员会需要报警或求助于外人，如被遗忘的儿童，遇到歹徒的司机或乘客。这时候，如果车内设有一个报警按钮，会很有用。可以考虑设在车顶或其他触手可及的地方，又不影响车内的布局。

（6）小结

产品提供者如果不能在其产品中考虑到安全理念，是极其不负责任的行为，产品终究会被市场淘汰。安全理念不是一句简单的口号，产品创造者要把安全理念融入产品设计中，承担起社会的安全责任。

4.道德理念

道德，依托于人的自觉性，从善与恶、荣与辱以及正义与非正义的角度来衡量事物，是人们在生活中产生的各种关系以及处理这些关系时信奉的准则。它来源于社会的约定俗成、传统习俗、社会舆论，并且内化为内心的信念，最终成为自身的道德标准。基于道德理念的产品，是设计师自身品格的体现。[22]

前些年提出的"道德物化"的概念，其核心就是要用道德规范引导技术设计，整个设计环节要与产品使用对象紧密结合，而且要考虑技术的伦理性。比如在牛奶中加入三聚氰胺，养猪喂食瘦肉精等，都是绝对违背道德理念，应该受到强烈谴责的。

好的产品是设计者"道德物化"的产物，更能产生其道德价值，即满足人们的道德情感，比如一些产品将营销环节与社会公益事业结合，人们在消费的同时也感受到为公共事业做贡献或者帮助弱势人群之后的道德满足感。

以下是一些产品案例。

（1）典型案例：宝格丽慈善款手链

宝格丽作为世界第三大珠宝品牌，在成立130周年的纪念时刻，发表新款银质陶瓷「Save The Children」坠饰项链，募款支持救助儿童计划，期望筹资100万欧元救助儿童生命。把营销活动和慈善结合在一起，不仅仅是一种推广手段，更是向社会传递一种价值观。[23]

（2）典型案例：用人造皮革替代动物皮毛

为了制作服装、箱包、皮带、鞋靴，人们会猎杀很多动物，甚至会导致一些动物濒临灭绝。现在，人们从保护动物这个道德理念出发，采用其他材料代替动物皮革制作这些产品。见图8-17。

图 8-17　人造皮革

（图片来源：https：//item.taobao.com/item.htm? spm＝a230r.1.999.1.a400523cZ
Rkeal&id＝597384788959&ns＝1#detail）

（3）小结

社会环境的浮躁，对物质的过分追逐，快餐式文化盛行，真正能够沉下心来做设计的设计师越来越少。产品设计师应该加强自己的道德约束，在创造物质产品的同时，彰显道德价值，传播善良和爱心。

5.企业社会责任理念

以上所论述的环保理念、健康理念、安全理念、道德理念其实都属于企业社会责任理念的范畴，上面的案例都是在产品中体现了这些理念。

但是我们这里将要讨论的是把企业社会责任直接做成一个产品，请看下面的案例。

（1）典型案例：建行的劳动者港湾

一个城市的建设少不了户外工作者，交警、外卖小哥、环卫工人等，在炎炎夏日下，难免有所不便，建设银行设立了劳动者港湾，只要在营业期间，附近的环卫工人、巡警等户外劳动的人们都能进去歇歇脚、避避暑。港湾内配备卫生间、饮水机、休息桌椅、图书、Wi-Fi、手机充电器、雨伞、扇子、老花镜等基础惠民服务设施以及雨具、急救箱等应急使用的服务设施。[24] 见图 8-18。

建行劳动者港湾中的服务虽然简单，但是表达了对劳动者的尊重和关爱，也是体现建行作为社会的一分子，企业所应承担的社会责任和职责。

（2）典型案例：蚂蚁庄园

蚂蚁庄园是支付宝在 2017 年 8 月 6 日上线的一个网上公益活动。网友可以通过支付宝付款、自愿捐赠、小知识学习等行为来领取鸡饲料，使用鸡饲

图 8-18　建行的劳动者港湾

（图片来源：http://www.ccb.com/cn/ccbtoday/jhbkhb/20180904_1536049900.html）

料喂鸡，小鸡会下"鸡蛋"。用户可以通过捐赠"鸡蛋"来进行爱心"捐赠"，而实际上善款由蚂蚁金服公司和其他慈善机构捐出。

蚂蚁庄园的设计不仅向公众推广了支付宝，而且也向社会传递了爱的正能量。见图 8-19。

图 8-19　蚂蚁庄园

（图片来源：http://www.53shop.com:443/pp_news91367.html）

（3）典型案例：蚂蚁森林

蚂蚁森林是支付宝上的另一个公益项目。用户通过步行、地铁出行、在线缴纳水电煤气费、网上缴交通罚单、网络挂号、网络购票等行为，就会得到相应的"能量"，用来在支付宝蚂蚁森林应用里浇灌一棵虚拟的"树"。这棵"树"长大后，蚂蚁金服公司会委托当地的公益组织、环保企业等生态伙伴们，在某个地区种下一棵实体的树。

　　蚂蚁森林这个公益项目在社会中的反响很大,效果也很好。三年来,蚂蚁森林累计栽下了超过1亿棵的树苗,为绿化祖国,建设三北防护林作出了巨大的贡献。见图8-20。

图 8-20　蚂蚁森林

(图片来源:http://www.sohu.com/a/135812455_209638)

　　(4)小结

　　把企业社会责任做成一个单独的产品,是一种非常好的思路。在这一点上,阿里巴巴/蚂蚁金服无疑是一个佼佼者。通过蚂蚁森林、蚂蚁庄园和走路捐赠等项目,阿里巴巴很好地向社会展示了它的光辉形象,也带动了社会各界一起为美化环境和慈善事业作出自己的贡献。

　　这些公益活动在社会上取得了良好的效果,大大增加了社会的正能量,使得我们这个国家更加和谐美好。

结　　语

　　在产品创造过程中,我们必须考虑环境和社会责任因素。归根到底,只有全社会变得更加美好,才能使个人、企业和其他社会组织得到持久的、良好的发展。

📖 思考题

1. 谈谈适应环境和改变环境的区别。
2. 举出 10 个创造环境的产品案例。
3. 举例说明同时具有环保理念和健康理念的产品。
4. 有人说,企业赚钱就不能讲道德,你的看法如何?
5. 列举 BAT 三家公司的企业社会责任产品。
6. 分析所在单位面临的各种环境。
7. 分析所在城市或地区对于投资者和创业者的各种环境。
8. 全面深入分析蚂蚁森林应用的作用与意义。

◎ 参考文献

[1]菲利普·科特勒.市场营销:原理与实践[M].北京:中国人民大学出版社,2015.

[2]https://baike.baidu.com/item/%E8%90%A5%E5%95%86%E7%8E%AF%E5%A2%83

[3]http://www.c-130.net/

[4]http://www.sohu.com/a/199262813_172586

[5]吴国庆.中外合资企业"本土化"策略研究[D].华中科技大学,2006.

[6]李双喜.藏匿于太行深处的石头城堡[J].旅游纵览,2013(9):26-33.

[7]https://baike.baidu.com/item/%E5%8D%97%E6%B3%A5%E6%B9%BE/3684

[8]匡海波.企业社会责任[M].北京:清华大学出版社,2010.

[9]http://www.chyxx.com/research/201806/646379.html

[10]http://www.sohu.com/a/193874901_667664

[11]http://www.sohu.com/a/200815750_708618

[12]《设计》杂志编辑部.设计实践追逐生态平衡[J].设计,2015(13):8.

[13]https://baike.baidu.com/item/%E5%81%A5%E5%BA%B7/352662? fr=aladdin

[14]http://www.nongfuspring.com

[15]http://www.hao224.com/pro_9497763.html

[16]http://www.sohu.com/a/239898213_449485

［17］https：//baike. baidu. com/item/麦卢卡蜂蜜/9769859

［18］http：//m. sohu. com/a/160728019_782465

［19］http：//www. sohu. com/a/154122681_826204

［20］http：//www. sohu. com/a/273396525_99901182

［21］https：//baike. baidu. com/item/％E7％9B％B2％E9％81％93/10974701? fr＝aladdin

［22］https：//baike. baidu. com/item/％E9％81％93％E5％BE％B7％E8％A7％82％E5％BF％B5/4040205

［23］http：//m. sohu. com/a/227775412_99964007

［24］https：//www. meipian. cn/1rr1umdd

后　记

　　时光飞速,科技蓬发,产品璀璨。当今世界虽说不是每天斗转星移,但也经常可见天翻地覆。

　　这本书从构想到成文,至少有五年的时间。思想的火花星星点点,慢慢串成线,连成片,就成了今天读者看到的模样。

　　写作过程很苦,很累。但是有亲人的帮助、领导的关怀、同事的支持,还有一大批同学们的提供资料;更重要的是,我相信有来自读者的期盼。所以,书写成了,作者感到非常欣慰和高兴。

　　把自己脑海里的思想通过图书这个手段和各界朋友进行交流,沟通方式是单向的。不过今天我们有互联网,大家可以扫描下方的二维码,就可以和作者联系交流。

　　本书出版后,被多所高校选为教材。作者也在智慧树、中国 MOOC 等平台开设了课程。如有同行需要教学资料,请联系本人。

　　本书对产品创新的理念导向和创意思想的探索只是一个阶段性的成果,还有很多内容需要进一步探索。书中肯定有错谬之处,期待着各位老师、朋友、同学予以批评指正。

Jack